鱼料理
Fish

英国费顿出版社 编

王沫涵 译

从海洋到餐桌
Recipes from the Sea

中信出版集团｜北京

图书在版编目（CIP）数据

鱼料理：从海洋到餐桌 / 英国费顿出版社编；王
沫涵译 . -- 北京：中信出版社，2020.12
书名原文：Fish, Recipes from the Sea
ISBN 978-7-5217-2383-0

Ⅰ . ①鱼… Ⅱ . ①英… ②王… Ⅲ . ①鱼类菜肴—菜
谱 Ⅳ . ① TS972.126.1

中国版本图书馆 CIP 数据核字 (2020) 第 208262 号

鱼料理：从海洋到餐桌

编　　者：英国费顿出版社
译　　者：王沫涵
出版发行：中信出版集团股份有限公司
　　　　　（北京市朝阳区惠新东街甲4号富盛大厦2座　邮编　100029）
承　印　者：北京雅昌艺术印刷有限公司

开　　本：787mm×1092mm　1/16　　印　张：18.5　　字　数：400千字
版　　次：2020年12月第1版　　　　印　次：2020年12月第1次印刷
京权图字：01-2019-5550
书　　号：ISBN 978-7-5217-2383-0
定　　价：188.00元

图书策划：雅信工作室
出 版 人：王艺超
策划编辑：牟璐　李盈
责任编辑：郭薇
营销编辑：沈兆赫
封面设计：左左工作室

目　录

1

从大海到餐桌

7

圆形白鱼

71

扁形白鱼

95

油性鱼

161

淡水鱼

193

海鲜

267

基本技巧

289

烹饪术语

从大海到餐桌
FROM SEA TO PLATE

用一整条鱼，做一顿简餐，这当中似乎有一种让人着迷的魔力。鱼是一种奇妙的食材，做法五花八门，烹饪难度不高。大多数的鱼只需在烤架、煎锅或烤箱中烹饪几分钟就能做熟。鱼和海鲜拥有各式各样的风味和口感，可以用不同类型的菜式来呈现，比如用鲷鱼配上橄榄和香料做成的简单家常菜，精心烹调的法式红酒香草炖章鱼，不需要太多工夫就能做好的酱汁烤鱿鱼等。事实上，我们完全可以一整个月每天都吃不同的鱼！

有人担心活鱼不容易处理，或是不知道应该买什么品种的鱼，如何挑选，但实际操作后他们会发现这些事其实远比想象中简单。本书将为你介绍各种鱼类食材，以及如何挑选一条好鱼；卖鱼的店家也一定很愿意帮你参谋。你可以请店家帮你称重、清理、剔骨切片，但如果你决定自己动手，你会发现这些原来是小事一桩；亲自动手还能使你了解不同品种的鱼。烹饪时，如果你按照食谱的步骤仔细操作，格外留心烹饪时长，那你一定能做出一道佳肴。

鱼是一种有益健康的食材，可以提供丰富的营养元素。许多营养学家和饮食学家都推荐人们多吃鱼，均衡饮食。白鱼肉，比如海鲈鱼和龙利鱼，脂肪含量极低，比其他类型的蛋白质食物更容易使人饱腹。油性鱼肉，比如鲭鱼、三文鱼和金枪鱼，富含 Omega-3 脂肪酸，可以预防某些疾病，促进大脑健康发育。许多种贝类食物也含有丰富的 Omega-3 脂肪酸和其他营养成分。

烹鱼随"意"

在烹饪鱼肉方面，很少有哪个菜系比得上意大利菜。在意大利，各种鱼类的烹饪方法流传已久。做出美味鱼料理的关键和做出所有美味的家常菜肴的关键一样：用简单的方法烹饪优质的食材。

心灵手巧的意大利厨师找到了许多善用当地海鲜的方法。本书罗列的多种美味食谱，例如海盗鱼汤和经典的红烩海鲜汤，它们其实是同一道菜式在不同地区的做法，区别在于用当地特有的鱼来制作——通常是一些不受渔民待见的小鱼。经典的酥炸海鲜和蔬菜也会使用最新鲜的时令海鲜。意大利东临亚得里亚海，西南部紧挨第勒尼安海，盛产海鱼及海鲜。意大利境内还有许多河流湖泊，包括加尔达湖和北部的科莫湖，这些地方产出的淡水鱼也被用来做成多种佳肴，包括烘烤鲈鱼配核桃、红辣椒烤鲟鱼等。

当然，除了意大利，无论是亚洲、大洋洲或欧洲，还是美国的大西洋沿岸、太平洋沿岸或中东，每个国家的每个地区都有极具特色的鲜鱼佳肴和最受喜爱的鱼类品种。虽然每个国家拥有的鱼不尽相同，但本书中的原则与方法能普遍应用于所有鱼类。即使每个人能烹饪的鱼和海鲜不完全一样，我们都能从意大利厨师那里获得灵感，巧用他们的配方，用我们身边的鱼和海鲜做出一道道美味。书中的每一份食谱都提供了可替代鱼类，供读者参考。

关于可持续膳食的思考

如今，我们已经无法忽略日常饮食给环境带来的巨大影响，其中一些关于鱼类消费的问题已经引起特别关注，成为人们担忧的焦点，比如过度捕鱼、捕捞方式过于激进、全球变暖、海鲜跨国运输等。虽然这些问题不可避免地具有复杂性和挑战性，但如果我们采取恰当的应对措施，这些问题并不是完全不可解决，鱼类资源也将逐渐恢复。

作为消费者，我们最好能够寻找并善加利用所处地区现有的海鲜品种。如果某种鱼只在特定季节供应，那么你可以参考书中建议的可替代鱼类。此外，买鱼的时候，我们也可以记住一些简单实用的技巧：购买当地特产的鱼，尽可能地选择一天往返的渔船捕捞的鱼，因为这意味着较小的渔船与捕捞团队；挑选最新鲜的鱼，避开那些正在产卵的鱼——鱼通常会在春天繁殖，带着鱼子的鱼质量并不好，况且不买这类鱼有助于它们繁衍下一代。一个出色的鱼商应该能够回答任何有关物种可持续性的问题，所以你可以大胆提问，了解某种鱼是如何被捕获的。如果答案不能让你感到满意，那就换一种鱼。最重要的是，尽量不要买众所周知的鱼，选择还未尝试过的其他品种。鱼的品种丰富繁多，吃一些没为人们熟知的鱼能帮助更受欢迎的品种恢复储量。

如何挑选鱼和海鲜

不同种类的鱼都有各自体现新鲜的信号，接下来的每一章中，我们会在开篇的"食材介绍"中具体介绍。当然，一些通用的原则也能帮你挑出最新鲜的鱼，比如一眼望去，一条新鲜的鱼应当非常诱人——清澈明亮、自带光泽，骄傲地躺在装满冰的箱子上。对于某些品种来说，满足这一条评判标准足矣。如果是挑选整条鱼的话，其他代表新鲜的特征还包括明亮且凸起的鱼眼、鲜红的鱼鳃和紧实且发光的鱼身。大多数鲜鱼基本没有任何味道，有一些闻起来比较清新自然，稍带海水味。当鱼慢慢变质，它会失去光泽，变得干瘪、软塌，眼睛凹陷、混浊，气味也会越来越腥。

鲜鱼的鱼身不应该直接与冰接触，因为这样会造成冻伤，破坏鱼的光泽度和湿润度。新鲜的鱼片是半透明的，每一薄片紧实又饱满。虽然鱼片的颜色不完全一致，但挑选时应避免带有褪色斑块的鱼片，因为这说明这条鱼被较为粗暴地处理。开始变质的鱼片看上去暗淡无光、薄片开裂，里层的鱼肉也会暴露出来。

利用商业方法迅速冷冻并包装得当的鱼是不错的选择，而且比鲜鱼更鲜，贝类海鲜尤为如此。对于不住在海边的人来说，冷冻鱼是最好的选择。最优质的冷冻鱼通常都带有"海上冷冻"的标签，因为冷冻得越早，风味越纯，比鲜鱼的味道更好。高质量的冷冻鱼会用非常厚的塑料布紧紧地包裹起来。有时候，人们会给鱼或其他海鲜涂上防护层或冰衣，从而便于储存或以小量从冷库中取出。避免那些冰衣过厚的冷冻鱼，检查是否有冻伤的痕迹——如果包装裂开或者鱼的某一部分解冻，就会造成这种状况。这样的鱼看上去比较干瘪，而且往往是白色的。

肉质紧实，风味温和独特，略带讨喜的甜味的海鲜只要稍做处理就能做成一道美味佳肴。你需要注意许多细节才能买到高质量的新鲜海鲜，具体的建议已列举在每个章节的"食材介绍"里。一般情况下，最好从值得信任的鱼店购买海鲜。甲壳类动物，例如螃蟹、龙虾、大虾、挪威海螯虾，要么是活的，要么是做熟且冷冻的；双壳类软体动物，例如贻贝、牡蛎和蛤蜊，应该买活的，而且大部分外壳是合上的。敲一敲贝类的壳，如果它们还活着，壳就会紧紧闭合，可以被安全地食用；如果壳没有合上，则须尽快丢弃。扇贝的话，可以买带壳的生扇贝，但通常能买到的是去壳的生扇贝或冷冻的熟扇贝。

鱼或其他海鲜如果没有被冷藏，就会迅速腐烂，因此最好将它们放置在冰箱里，紧挨着冰块，这样就能尽可能地在不冰冻的前提下保住极佳的冷鲜温度。买鱼回家后，最好剥开买鱼时裹上的包装纸，把它放在平托盘或大盘子上，盖上罩子。如果买的是鲜鱼，尽量在一天之内食用。如果是冷冻鱼，要特别留意保质期，因为鱼的保质期一般比其他产品短。若要给鱼或海鲜解冻，把它放到盘子里，让它自然解冻。

如何阅读本书

本书依据鱼的主要种类分为若干章节，每一章的开篇都介绍了某一具体品类，并配有插图，帮助你识别它们。此外，我们还为你准备了挑选及处理方法、需要咨询鱼店的问题、最值得尝试的烹饪秘方以及可供替代的其他鱼类等内容。

每章的"食材介绍"之后是一系列针对这种鱼的意式海鲜食谱，包括开胃菜、副菜及主菜，每一道都美味可口、容易上手、原汁原味。每个食谱还包括可参考替代的其他鱼类以及涉及的基本技巧图标——这一技巧图标代表某道菜必要的准备步骤，在书末的"基本技巧"中，你可以了解某一图标对应的具体操作与讲解。所有基本技巧图标如下文所示，以供查找。

《鱼料理：从海洋到餐桌》呈现了一种独特的视角，重现了传统意式海鲜食谱的美味。我们希望这些食谱以及贯穿全书的实用指导能为你带来一些鼓励与启发，不断探索鱼在日常料理中可以扮演的奇妙角色。

基本技巧

每道食谱中都会包含基本技巧图标，你可翻至相应页码，了解具体步骤。

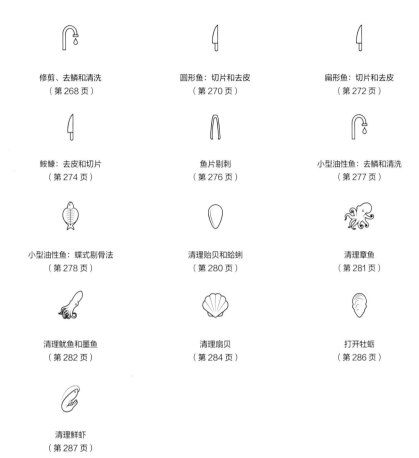

修剪、去鳞和清洗
（第 268 页）

圆形鱼：切片和去皮
（第 270 页）

扁形鱼：切片和去皮
（第 272 页）

鮟鱇：去皮和切片
（第 274 页）

鱼片剔刺
（第 276 页）

小型油性鱼：去鳞和清洗
（第 277 页）

小型油性鱼：蝶式剔骨法
（第 278 页）

清理贻贝和蛤蜊
（第 280 页）

清理章鱼
（第 281 页）

清理鱿鱼和墨鱼
（第 282 页）

清理扇贝
（第 284 页）

打开牡蛎
（第 286 页）

清理鲜虾
（第 287 页）

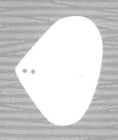

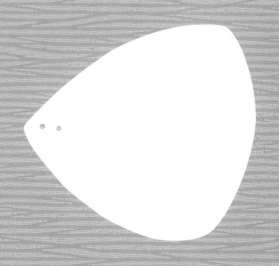

海鲈鱼
第 9 页，食谱见第 20~24 页

海鲷鱼
第 15 页，食谱见第 48~54 页

乌鲳鱼
第 10 页，食谱见第 25~27 页

海鲂鱼
第 16 页，食谱见第 54~57 页

石斑鱼
第 11 页，食谱见第 28~31 页

蝎子鱼
第 17 页，食谱见第 58~61 页

鮟鱇
第 12 页，食谱见第 32~36 页

狗鲨 [1]
第 18 页，食谱见第 61~62 页

大西洋鳕鱼
第 13 页，食谱见第 36~43 页

红鲻鱼
第 19 页，食谱见第 63~67 页

无须鳕
第 14 页，食谱见第 44~48 页

其他鱼类
食谱见第 67~69 页

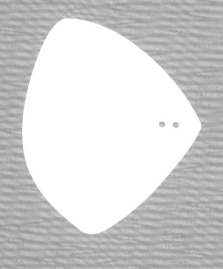

圆形白鱼[2]

ROUND WHITE FISH

1 此处的"狗鲨"在原书中为"huss (dogfish)"，是一种小型可供食用的鲨鱼。——译者注（如无特殊说明，均为译者注）

2 此处的"白鱼"在原书中为"white fish"，指的是若干种味道温和、价格公道、适合做快手菜的常见鱼类，而非单一种类。

白鱼分为圆形和扁形两类。圆形白鱼多为常见品种。圆形白鱼的眼睛位于头部两侧，脊柱贯穿鱼体的上身，两侧无骨。这些品种的鱼遍布海洋，从浅浅的海岸到大洋深处到处都是。

白鱼的肉质千差万别，石斑鱼、鳕鱼和海鲷鱼拥有柔滑的片状肉，鮟鱇的肉质则紧实。如果你想检查鱼是否熟了，可以用锋利的刀切开鱼片最厚的部分。做熟的鱼肉颜色变白、湿润而不透明。

海鲈鱼

意大利语名：Branzino
学名：欧洲鲈（*Dicentrarchus labrax*）

平均重量：450 克 ~ 2 千克
平均尺寸：36 ~ 100 厘米

相关食谱：第 20 ~ 24 页

从质地与口味来看，海鲈鱼类似海鲷鱼，它的鳞片又密又小，腹部银光闪闪，肉质发白、精瘦而细腻，深受人们喜爱。野生的海鲈鱼通常在大西洋、太平洋和南极海域被捕获，其他鲈鱼品种还有美国条纹鲈鱼和黑鲈鱼。在美国，海鲈鱼又被叫作地中海鲈鱼。

你可以买到海鲈鱼的鱼片和整鱼。鱼片通常已被去鳞，所以不需要再去皮，除非你对此有所要求。如果是整鱼的话，必须先沿着鱼背剪掉鱼鳍上的尖刺，然后刮鳞去腮。

海鲈鱼适合的烹饪方式是煎或烤。一个简单的意式海鲈鱼食谱是烘烤海鲈鱼配洋蓟。海鲈鱼也能搭配面食，比如美味的意式海鲈鱼小方饺。由于养殖广泛，你可以很轻松地买到海鲈鱼，但假如买不到，其他不错的替代品包括澳大利亚鲻鱼、海鲷鱼、红鲻鱼、红鲷鱼、野生条纹鲈鱼、杂交条纹鲈鱼、养殖的尖吻鲈鱼和石斑鱼。

乌鲻鱼

意大利语名：Cefalo
学名：头鲻（*Mugil cephalus*）

平均重量：600克～2千克
平均尺寸：40～100厘米

相关食谱：第25～27页

虽然名字类似，但乌鲻鱼与红鲻鱼没有任何关系。它美丽又光滑，银灰色的鳞片布满鱼身，然而泥土的味道使它备受冷落。购买乌鲻鱼的时候，你需要观察乌鲻鱼是否有明亮的眼睛、红色的腮和发光的鳞片。通常情况下，乌鲻鱼是整鱼贩卖的，当然你可以让鱼商帮你剪鳍刮鳞，把它清理干净。左侧的鱼片通常会保留鱼皮，从而在烹饪过程中保护细嫩的鱼肉。

乌鲻鱼一般适合放入烤箱或放在明火上做整鱼烧烤，但也可以清炖。如果你想用一条整鱼做菜，最好把鱼的两侧切开，一直切到鱼骨。乌鲻鱼的鱼片可能很厚，提前切好可以让热气渗透到内部，同时避免烧煳其他地方。用柠檬汁、红酒或其他酸味液体将乌鲻鱼腌制30分钟，可以减少土腥味。

香炖乌鲻鱼十分可口，融合了多种风味。海鲷鱼、海鲈鱼、杂交条纹鲈鱼和牙鳕鱼都可以替代食谱中的乌鲻鱼。

乌鱼子是经过压缩和熏制的乌鲻鱼子，看上去像一种偏硬的淡棕色香肠，切的时候会碎。

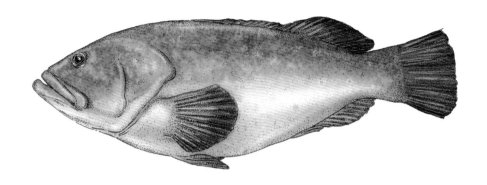

石斑鱼

意大利语名：Cernia
学名：石斑鱼属（*Epinephelus*）

平均重量：1～6千克或更重
平均尺寸：50～90厘米

相关食谱：第28～31页

可口鲜嫩的肉质使石斑鱼成为最贵的海鱼之一。石斑鱼生活在全世界不同海域，所属的鮨科还包括澳大利亚的珊瑚鳟鱼、美国的黄嘴喙鲈和斑点热带海水鲈鱼。棕点石斑鱼主要集中在地中海一带，呈子弹头形状，灰白的皮肤上布满棕色的斑纹，摸起来手感粗糙。它们以小鱼为食，所以肉质紧实、发白、厚实，有甜味。

石斑鱼的鱼皮比较厚实，皮肤之下有一层脂肪。这层脂肪和鱼皮应当一起被切除，切的时候不可避免地会稍微切掉一点鱼肉。如果你想买整鱼，不妨请鱼店帮忙剪鳍、去皮、切成鱼片，不必自己在家做。

对于石斑鱼来说，最好的烹饪方法是清炖（石斑鱼的汤十分鲜美）或者放入烤炉烘烤。此外，也可以烧烤，例如烤石斑鱼配红葱头酱汁。可以替代石斑鱼的品种包括鳕科鱼、鲷鱼、海鲈鱼、罗非鱼、鲇鱼、琥珀鱼和军曹鱼。

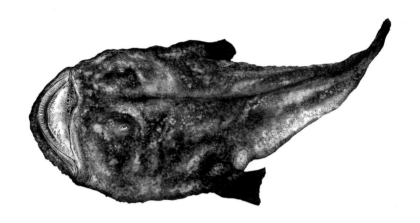

鮟鱇

意大利语名：Coda di rospo
学名：鮟鱇（*Lophius piscatorius*）

平均重量：300 克 ~ 2 千克
平均尺寸：25 ~ 50 厘米

相关食谱：第 32 ~ 36 页

这种鱼看上去奇形怪状、样貌独特，头巨大，皮肤有光泽又带有褐色的斑点。在意大利，鮟鱇叫作"coda di rospo"，意思是蛤蟆的尾巴，因为只有又长、肉又多的尾巴能卖；与此同时，在美国，鮟鱇通常被叫作"穷人的龙虾"，因为它肉质细密，味道像龙虾。鮟鱇有时也被称为琵琶鱼或蛤蟆鱼。

鮟鱇一般去头售卖，鱼脸肉会单独出售。你可以买到完整的带骨鱼尾或鱼片。如果鱼片没有去皮，只需把皮从鱼片的上沿剥下来。鱼皮之下紧贴着一层透明薄膜，这也需要用刀刮掉，否则在烹饪过程中会变色、收缩。有时你也能买到鮟鱇的肝脏和鱼卵，但不建议吃肝脏，因为里面有可能含有较多的环境污染物，比如多氯联苯和二氧杂芑。

鮟鱇的鱼肉层次丰富，富含纤维，鲜嫩可口。因为口感与龙虾相近，所以鮟鱇适合煎、炒或烤。意大利人也喜欢用鮟鱇做面食，比如撒丁岛意面配小麦、鮟鱇和洋蓟。在烹饪过程中，鮟鱇的体积会极大减少，在评估菜量的时候一定要注意这一点。

如果你买不到鮟鱇，可以考虑狗鲨、扇贝、大虾、小虾、龙虾或者多宝鱼，这些鱼或海鲜与鮟鱇的食谱也十分搭配。

大西洋鳕鱼

意大利语名：Merluzzo（鲜鳕鱼）、
Stoccafisso（鳕鱼干）、Baccalà（盐腌鳕鱼）
学名：鳕科（Gadidae）

平均重量：450 克 ~ 40 千克
平均尺寸：35 ~ 150 厘米

相关食谱：第 36 ~ 43 页

人们很容易通过黄色或橄榄绿色的斑点、两侧纵穿鱼身的白线认出大西洋鳕鱼。它拥有上等的薄片状白色鱼肉，口感细腻顺滑。然而在北大西洋的一些地方，过度捕捞已使得大西洋鳕鱼急剧减少，无法可持续地增长。几种不同的鳕鱼分布在全球各个海域，大西洋鳕鱼是鳕科中最有名的品种，同属鳕科的还有黑线鳕、牙鳕和绿青鳕。人们一般会买大西洋鳕鱼的鱼片，也能买到整鱼或鱼块。

适合大西洋鳕鱼的烹饪方法十分丰富——炖、烘烤、烧烤、煎、炸皆可。香酥鳕鱼这道菜既易于操作，又健康美味。在挑选新鲜的鳕鱼片的时候，要注意观察鱼肉的薄片是否紧致；如果鱼肉裂开、露出鱼皮，那么它很快就会不新鲜了。

在南欧以及加勒比海地区，由沿岸国家制作的盐腌鳕鱼和鳕鱼干要比鲜鱼更常见。鱼片一般会带皮出售，因为这样做可以防止鱼在烤箱里烤干；当然，鱼骨需要被剔除。

许多意大利特色菜都以盐腌鳕鱼作为主要食材，比如酥炸鳕鱼片；鳕鱼干同样可以作为佳肴的主角，配以橄榄、番茄、松子、蒜等经典地中海风味配料。

鳕科的其他品种，比如无须鳕、牙鳕、绿青鳕、澳大利亚扁平鳕和黑线鳕都是很好的替代品。

无须鳕

意大利语名：Nasello
学名：无须鳕科（*Merluccius merluccius*）

平均重量：500 克 ~ 3 千克
平均尺寸：40 ~ 120 厘米

相关食谱：第 44 ~ 48 页

无须鳕在地中海地区的许多地方都十分受欢迎，它的鱼肉质地同大西洋鳕鱼类似，同为薄片状白色鱼肉。无须鳕的鱼身银亮、又细又长，头尖似蛇，眼睛较大，牙齿锋利。人们能在全世界范围内捕获不同品种的无须鳕，但捕捞以大西洋和太平洋地区为主。因此，在某些水域，过度捕捞正在威胁无须鳕的生存。

捕捞上岸的无须鳕一般比较干净，皮肤和鳍也很软，所以除了去腮，清理起来相对轻松。虽然你可以买到无须鳕的整鱼，但更多的是以鱼片或鱼块的形式贩卖的。

无须鳕的鱼肉柔软细润，新鲜的时候更是如此；做熟之后会变硬变白，带有甜味。无须鳕在烹饪方法上与大西洋鳕鱼一样，能与橄榄油、柠檬、蒜和番茄完美搭配。用油和柠檬汁清炖无须鳕，并配上蛋黄酱调味，也是一个不错的选择。此外，可以用鳕科或无须鳕科的其他品种替换无须鳕。

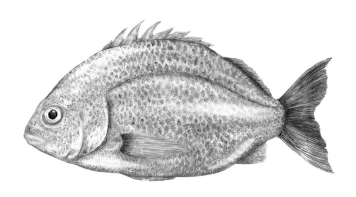

海鲷鱼

意大利语名：Dentice、Orata、Sarago
学名：鲷科（*Sparidae*）

平均重量：300 克 ~ 2 干克
平均尺寸：40 ~ 70 厘米

相关食谱：第 48 ~ 54 页

在世界各地的温暖水域，我们都能找到海鲷鱼。海鲷鱼所属的鲷科包括牙鲷、大西洋鲷、白鲷、红海鲷、羊头鲷、尖口鲷等品种。这些鱼都可以在食谱中相互替换。这些品种外形相似，都有又宽又圆的身体、稍显球形的头和盘状的鳞片（烹饪时必须刮除），只有颜色有区别。海鲷鱼在一年四季都能买得到，一般是整鱼或者整片出售。买鱼的时候，整条的海鲷鱼可以请鱼店去鳍、刮鳞、去腮、洗净，然后再切片——你可以根据需要与鱼店沟通。

海鲷鱼精瘦且紧实的鱼肉售价很贵。整鱼或鱼片适合包好后放入烤箱烘烤，或者蒸；清香珍贵的鱼脸肉可以单独烹饪，适合用平底锅煎。整条鱼大约需要 20 分钟就能熟透，而鱼片只需要不到 5 分钟。一道经典的意式海鲷美味是咸香风味烤海鲷。

如果在你居住的地方买不到海鲷鱼，那么可以考虑海鲈鱼、红鲻鱼、乌鲻鱼、黑鲈鱼或尖吻鲈。如果你需要比较大的鱼，可以选择红鲷鱼。

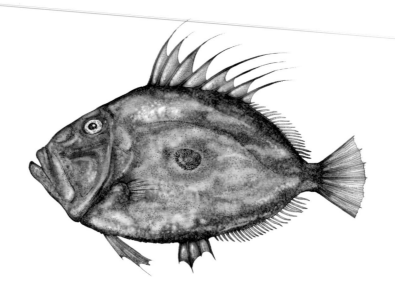

海鲂鱼

意大利语名：San Pietro
学名：远东海鲂（*Zeus faber*）

平均重量：500 克~ 3 千克
平均尺寸：40 ~ 120 厘米

相关食谱：第 54 ~ 57 页

海鲂鱼又称"圣彼得鱼"，因为两侧的鱼鳃后面的大圆斑据说是信徒的拇指指纹。海鲂鱼分布于大西洋、太平洋、地中海。作为一种独居的鱼，它以小型贝类为食，肉质甜润、细腻、紧实。意大利渔民会用海鲂鱼做带有地区风味的炖菜。

你可以买到整条海鲂鱼或鱼片。整鱼需要仔细收拾，因为鱼皮上布满待清除的尖刺，当然你可以请鱼店帮忙。两片较大的鱼片足以做成两人份的主菜。可以在烹饪前去皮，做熟之后也很容易剥掉。较小的海鲂鱼可以整鱼烹饪。最好不要在春季购买海鲂鱼，海鲂鱼在此时产卵，载满鱼卵的海鲂鱼索然无味。

海鲂鱼适合用平底锅煎、烤架烧烤或放入烤箱烘烤。它的鱼肉坚实紧密，每侧只需 4 ~ 5 分钟就能烤熟或煎熟。海鲂鱼与味道浓烈的地中海佐料十分相配，例如橄榄、迷迭香、刺山柑等。因为海鲂鱼在美国比较少见，所以可以考虑用鲳鱼、多宝鱼、菱鲆或黑鳕鱼代替它。

蝎子鱼

意大利语名：Scorfano
学名：鲉科（*Scorpaenidae*）

平均重量：150 ～ 500 克
平均尺寸：20 ～ 45 厘米

相关食谱：第 58 ～ 61 页

蝎子鱼以它的法语名字"rascasse"为人所知。蝎子鱼鱼身小而肥圆、多刺、眼睛大，很容易辨认。处理的时候需要多加小心，因为锋利的刺可能造成伤口。蝎子鱼与包括大西洋、太平洋、地中海的岩鱼和海鲈鱼在内的红鱼族群关系密切。在美国，市场上不容易找到蝎子鱼，可以用鮟鱇、龙虾、条纹鲈鱼、鲂鱼和鳕科鱼代替。

较小的蝎子鱼通常整鱼出售；较大的则以去皮后的鱼片出售，因为鱼刺实在锋利。鱼片上鱼肉较厚的一端附近有许多刺需要剔出来，你可以让鱼店帮你做这件事。挑鱼的时候，选择外观鲜艳醒目的，要记住鱼骨和头部占据整条鱼体重一半以上。

细腻洁白的薄片状蝎子鱼肉可以用多种方法烹制，比如煎炸、清炖或烘烤等；传统意大利菜主要将蝎子鱼用于汤和炖菜，例如马尔凯风味海鲜汤。它还可以与味道淡雅的香草和柑橘搭配组合，例如烤蝎子鱼佐百里香。

狗鲨

意大利语名：Palombo
学名：角鲨科（*Squalidae*）

平均重量：700 克 ~ 9 千克
平均体长：50 ~ 90 厘米

相关食谱：第 61 ~ 62 页

因为狗鲨有鲨鱼一般的身体，人们便自然将其归为鲨鱼。狗鲨的确切种类让人疑惑：在意大利就有几种不同的狗鲨被捕获，包括猫鲨和欧洲角鲨，而且在不同的地区，名称也不一样。然而，由于过度捕捞，鲨鱼的一些品种正在遭受可持续性发展的考验。

一般来说，狗鲨以整鱼出售，但售卖之前会被做去皮处理。切头剥皮之后，就可以采用处理鮟鱇的方法给狗鲨切片。除了中心软骨，狗鲨不需要剔除其他鱼骨。

狗鲨营养丰富，脂肪含量低，易于消化吸收。鱼肉呈粉色，紧致厚实，味道强烈，适合与味道同样强劲的食材搭配，做成以番茄汤为基底的鱼汤或炖菜，比如罗马式炖狗鲨配豌豆。做金枪鱼或箭鱼的配方同样适用于狗鲨，烘烤、翻炒、煎炸或烧烤都是不错的烹饪方法。替代鱼类包括鮟鱇、大西洋鳕鱼和鳐鱼。

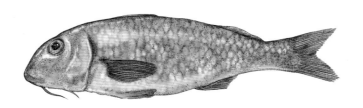

红鲻鱼

意大利语名：Triglia
学名：纵带羊鱼（*Mullus surmuletus*）

平均重量：200～500 克
平均体长：8～30 厘米

相关食谱：第 63～67 页

鱼身渐变的红色使红鲻鱼十分亮眼。它拥有浓密的鳞片和一种叫作"羽小支"（barbule）的鱼鳍，长在下巴下面，这正是它"山羊鱼"（在澳大利亚的常用名）这一绰号的由来。在世界各地的温暖水域里都发现了各种各样的红鲻鱼。

红鲻鱼一般不经过清理直接整鱼出售，所以烹饪前需要把鱼肚子里的肠子清理掉，保留肝脏。买鱼的时候，可以让鱼店帮你剪掉鱼鳍，刮掉鱼鳞，清洗干净，尤其记得去掉脊椎旁边的血线（沿着脊骨分布的一根深色血管）。

红鲻鱼最好带骨烹饪，因为这样做有助于保留味道和湿润的口感。小而易碎的红鲻鱼最好简单地油炸，也可以包好放入烤箱烘烤，龙蒿、迷迭香和罗勒等是很好的搭配香草。如果你准备做红鲻鱼片，要小心地剔掉鱼骨。烹饪方法不必过于复杂，搭配柑橘类的水果能让你收获完美的味道，比如煎红鲻鱼配橙子沙拉。烹饪过程中，最好不要太过频繁地碰红鲻鱼，操作要轻柔，因为红鲻鱼的鱼肉非常易碎。此外，红鲻鱼也适合做鱼汤。

红鲻鱼的味道无懈可击，但也可以用其他鱼类代替，例如海鲷鱼、海鲈鱼、红鲷鱼、鲱鱼、尖吻鲈，以及西班牙或波士顿马鲛鱼。

食材分量：4 人份
准备时长：15 分钟
烹饪时长：35 分钟

橄榄油
2 颗蒜瓣，切成两半
1 条 800 克的海鲈鱼，去鳞，清洗干净
100 毫升干白葡萄酒
半个柠檬，榨汁滤净
5 个小洋蓟，去掉叶端，切片
盐和胡椒
碎欧芹

替代鱼类：海鲷鱼、鳟鱼、乌鲡鱼

268页

烘烤海鲈鱼配洋蓟
Branzino al forno con carciofi

预热烤箱至 180 摄氏度，给烤盘刷油。把切成两半的蒜瓣放入鱼的肚子，再从里到外撒上盐和胡椒调味。将鱼放入准备好的烤盘，烘烤 5 分钟后从烤箱中取出，把葡萄酒淋在鱼上。把鱼重新放入烤箱，烤 10 分钟左右。同时，准备一个炖锅，放入少量柠檬汁和盐，加入洋蓟，煮 5 ~ 10 分钟，熟后沥干水分。把鱼从烤箱中取出，放入洋蓟，再放回烤箱中烤 15 ~ 20 分钟。最后将鱼从烤箱中取出，撒上碎欧芹，直接上桌。

见右页配图

食材分量：4 人份
准备时长：25 分钟
烹饪时长：15 分钟

橄榄油
1 根迷迭香
2 颗蒜瓣，切片
1 条 1 千克的海鲈鱼，去鳞，清洗干净
15 克碎欧芹
1 个柠檬，切片
1 个洋葱，切片
2 棵葱，切片
100 毫升干白葡萄酒
盐和胡椒
柠檬角

替代鱼类：海鲷鱼、鳟鱼、三文鱼

268页

纸包烤海鲈鱼
Branzino al cartoccio

预热烤箱至 200 摄氏度。准备一大张烘焙纸，刷橄榄油。把迷迭香和蒜放入鱼肚，用盐和胡椒调味。把鱼放到纸上，撒上欧芹、柠檬、洋葱、葱和剩余的蒜，倒上葡萄酒。用烘焙纸把鱼包好，然后放在烤盘上。烘烤 15 分钟后从烤箱中取出，再加入橄榄油、柠檬角和盐，在餐桌上打开纸包。

食材分量：6 人份
准备时长：20 分钟
烹饪时长：30 分钟

1 条 1 千克海鲈鱼，清理并切片完毕

土豆泥：
1 千克土豆，削皮切块
150 毫升橄榄油
45 克碎芝麻菜
盐和胡椒

意式特制酱汁：
100 毫升橄榄油
1 个柠檬，榨汁并过滤
30 毫升热水
15 克碎欧芹
5 克碎牛至
1 颗蒜瓣，捣碎
盐和胡椒

替代鱼类：三文鱼、海鲷鱼

268页　　270页　　276页

意式特制酱汁烤鱼配土豆泥
Carpaccio di branzino al salmoriglio

将土豆放入炖锅，加入足够的水覆盖所有土豆，加上少许盐，盖上锅盖煮开。把火关小，继续煮 25 ～ 30 分钟，直到土豆变得软而不烂。

预热烤箱至 180 摄氏度，烤盘上铺上烘焙纸。把鱼切成薄片，均匀地铺在准备好的烤盘上。

把橄榄油、柠檬汁、热水倒入碗中，加入盐和胡椒调味，放入欧芹、牛至和蒜搅拌，做好意式特制酱汁。把酱汁刷到鱼片上，再加入盐和胡椒，放入烤箱烤 4 分钟。土豆沥干水分后放回锅里，倒入橄榄油，捣碎，做成浓稠的土豆泥。用盐和胡椒调味，放入芝麻菜。将烤好的鱼和土豆泥一起上桌。

见左页配图

食材分量：4 人份
准备时长：30 分钟
烹饪时长：20 ～ 25 分钟

2 个石榴
10 克青胡椒粒
1 条 1 千克海鲈鱼，去鳞，清理干净
100 毫升干白葡萄酒
橄榄油
盐

替代鱼类：石斑鱼、乌鲴鱼

268页

石榴香烤海鲈鱼
Branzino al melograno

先剥石榴：切下石榴一端的果皮，竖放；用一把小而锋利的刀，围着石榴每隔一段距离向下切开；掰开一块块的石榴，用手指把石榴粒挤出来；丢掉石榴粒自带的薄膜和髓。预热烤箱至 180 摄氏度，在烤盘上铺上双层的烘焙纸。在烤盘中间撒一半石榴粒和青胡椒粒。把鱼放在上面，再撒上剩余的石榴粒和青胡椒粒。将纸折起，倒入葡萄酒，淋上橄榄油，再撒上少许盐调味。小心地把纸的边缘折叠，把鱼完全包好。烤 20 ～ 25 分钟后从烤箱中取出。将做好的鱼挪到餐盘上，在餐桌上拆开纸包。

食材分量：6 人份
准备时长：1 小时 25 分钟 +1 小时静置
烹饪时长：20 分钟

350 克普通面粉，最好是意式普通面粉
150 克硬质小麦粉
3 个鸡蛋
4 个鸡蛋黄
盐
90 克黄油
15 克细香葱末

方饺馅料：
45 毫升橄榄油
700 克海鲈鱼片，去皮，切碎
45 克马斯卡彭奶酪
1 个柠檬的碎柠檬皮
5 克细香葱碎末
盐和胡椒

替代鱼类：螃蟹、三文鱼、无须鳕

268页　　270页　　276页

意式海鲈鱼小方饺
Ravioli di branzino

将面粉和小麦粉筛到工作台上，积成面粉堆，中间挖一个洞。把鸡蛋打在洞里，额外加入几个蛋黄和少许盐。把鸡蛋和面粉揉搓成球，盖上干净的餐巾，静置 1 小时。

同时做馅料：在大煎锅或长柄平底锅中倒入橄榄油，加热；放入鱼，用盐和胡椒调味，小火翻炒 10 分钟。把鱼从锅中盛到碗里，加入马斯卡彭奶酪、柠檬皮和细香葱。

把面团放到撒了少许面粉的工作台面上，擀成薄薄的面皮。把馅料均匀地在一半面皮上摆好，然后将另一半面皮折起，覆盖馅料。用手指在馅料的周围按压，捏紧。用刀切好小方饺，再次捏紧方饺的边缘。在煮沸的盐水中放入小方饺，直到它们浮上水面。沥干水分，倒入炖锅，小火加热，放入黄油和细香葱翻炒几下，即可上桌。

食材分量：4 人份
准备时长：15 分钟
烹饪时长：40 分钟

1 条 1 千克海鲈鱼，去鳞，清理干净
2 个红葱头，切碎
10 克碎欧芹
100 克小蘑菇或白蘑菇块
1 根胡萝卜，切成圆块
4 ~ 5 颗胡椒粒
40 克黄油
500 毫升红酒
盐

替代鱼类：狗鲨、乌鲻鱼

268页

红酒煨海鲈鱼
Branzino al vino rosso

将海鲈鱼放入防火砂锅（或荷兰砂锅）中，加入红葱头、欧芹、蘑菇、胡萝卜、胡椒粒、少许盐和一半黄油。盖上锅盖，小火加热约 10 分钟。倒入适量的红酒，至鱼身的一半，加入剩下的黄油，重新盖上锅盖，炖 30 分钟，直到锅中液体稍微减少。关火，把砂锅取下，直接上桌。

食材分量：4 人份
准备时长：10 分钟
烹饪时长：15 分钟

4 条乌鲻鱼，去鳞，清理干净
4 根莳萝
1 个洋葱，切碎
1 瓣蒜，切碎
1 个柠檬，切片
100 毫升干白葡萄酒
20 毫升白兰地
橄榄油，调味
盐和胡椒

替代鱼类：海鲈鱼、海鲷鱼、石斑鱼

 268页

莳萝纸包烤乌鲻鱼
Cefalo in cartoccio all'aneto

预热烤箱至 200 摄氏度。剪好 4 张方形锡箔纸，大小能包下一条鱼。在每一条的鱼肚中放入盐和胡椒调味，并放入 1 根莳萝。把每条鱼放在准备好的锡箔纸上，并把洋葱和蒜均匀地摆好。在每条鱼上放上几片柠檬，淋上葡萄酒和 5 毫升白兰地，最后淋上橄榄油。

将鱼包好，放在烤盘上，放入烤箱烤 15 分钟左右，或者烤至用手指轻压能明显感到肉质变硬的程度。把纸包从烤箱里拿出来，打开锡箔纸，端上餐桌。

食材分量：4 人份
准备时长：20 分钟
烹饪时长：20 分钟

橄榄油
1 条 800 克的乌鲻鱼，去鳞，清洗干净
15 克碎牛至
30 克碎欧芹
1 颗蒜瓣，切碎
100 克的干面包屑
500 克番茄，去皮去籽，切丁
1 个柠檬，榨汁并过滤
盐和胡椒

替代鱼类：石斑鱼、鳟鱼

 268页

番茄烤乌鲻鱼
Cefalo al tegame

预热烤箱至 180 摄氏度。给烤盘刷上橄榄油，将鱼放到盘子上，用盐和胡椒调味，并均匀地撒上牛至、欧芹、蒜和面包屑。

接下来撒上切好的番茄丁，淋上橄榄油，烘烤 20 分钟左右。把盘子从烤箱中拿出来，淋上柠檬汁，立刻上桌。

食材分量：4 人份
准备时长：15 分钟
烹饪时长：20 分钟

1 个橙子
橄榄油
黄油
4 条乌鲻鱼，切成鱼片
200 毫升白葡萄酒
30 克香草碎，百里香、牛至、欧芹都可以
盐和胡椒

替代鱼类：红鲻鱼、海鲷鱼

268页 ⟨ 270页 ⟩ 276页

橙香乌鲻
Cefalo all'arancia ed erbe

预热烤箱至 180 摄氏度。橙子去皮，切成薄片。给一个大烤盘刷上一点橄榄油和黄油。将鱼放入准备好的烤盘，撒上盐和胡椒，淋上橄榄油，再淋上葡萄酒。把橙子片摆在鱼上，撒入香草，烘烤 20 分钟。烤熟后立即上桌。

见右页配图

食材分量：4 人份
准备时长：15 分钟 +10 分钟冷却
烹饪时长：22 分钟

4 片熏培根
8 片鼠尾草叶
4 条乌鲻鱼，去鳞，清理干净
100 毫升橄榄油
30 克碎欧芹
100 毫升干白葡萄酒
20 个混合青橄榄和黑橄榄，去核，剁碎
盐和胡椒

替代鱼类：红鲻鱼、石斑鱼

268页

香炖乌鲻鱼
Cefalo ripieno alle olive

在每条鱼的鱼肚里放入 1 片熏培根和 1 片鼠尾草叶，然后用适量的盐和胡椒调味。把剩下的鼠尾草叶切碎。将橄榄油倒入大的平底煎锅中，开火热油，放入切碎的欧芹，用小火炒几分钟。之后把锅移开，让它自然冷却。

将鱼放入锅中，中火加热，盖上锅盖，每面焖 5 ~ 6 分钟。淋上葡萄酒继续煮，不盖锅盖再煮 10 分钟，加入橄榄后再煮 2 分钟。煮熟后，即可食用。

食材分量：4 ~ 6 人份
准备时长：20 分钟
烹饪时长：30 分钟

300 克贝壳意面
橄榄油
1 个茄子，切厚片
250 克石斑鱼片
2 个成熟的番茄，去皮去籽，切丁
1 个青柠檬，榨汁过滤
30 毫升伏特加
1 把细香葱，切碎
50 克三文鱼子酱
盐和胡椒

替代鱼类：红鲷鱼、海鲈鱼

268页　270页　276页

石斑鱼和三文鱼子酱拌贝壳意面
Conchiglie con cernia e uova di salmone

预热烤架，同时烧一大锅加盐的水，烧开之后加入贝壳意面，再次烧开之后煮 8 ~ 10 分钟，直到面的火候刚刚好、有嚼劲。沥干贝壳面中的水分，用凉自来水冲一冲，再次沥干水分。把它倒入沙拉碗里，淋上橄榄油并搅拌。盖上保鲜膜后，放入冰箱保鲜。

把茄子切片，刷橄榄油，每面用烤架烤 5 ~ 10 分钟，烤至茄子呈金黄色。把烤熟的茄子放到菜板上切成小块。将石斑鱼片清蒸或清炖 10 分钟，然后从蒸锅或炖锅中取出，让它自然变凉。把鱼片拆成小块，从冰箱中取出贝壳面，揭开保鲜膜，放入茄子块、鱼、番茄，轻轻搅拌。

在碗中加入青柠檬汁、伏特加、橄榄油、少量盐和胡椒，倒入沙拉碗，再次轻轻拌匀。撒入细香葱和三文鱼子酱，然后上菜。

食材分量：6 人份
准备时长：30 分钟 +6 小时静置
烹饪时长：25 分钟

400 克番茄，去皮切丁
250 克黑橄榄，去核切半
100 克刺山柑，用盐腌制，使用时冲洗干净
5 克干牛至
1 颗蒜瓣，不必去皮
100 毫升橄榄油
1 条 1.3 千克的石斑鱼，清理干净，切片去皮
10 毫升柠檬汁
900 克土豆，切成圆形薄片
盐和胡椒

替代鱼类：多宝鱼、菱鲆、大西洋鳕鱼

268页　270页　276页

石斑鱼块佐地中海酱汁
Filetto di cernia in salsa mediterranea

首先做地中海酱汁。将番茄、橄榄、刺山柑、牛至、蒜瓣和橄榄油放入碗中，盖上盖子，放在阴凉的地方静置 6 小时。

预热烤箱至 180 摄氏度。给烤盘铺上一张烘焙纸。将鱼切成 6 块，淋上柠檬汁。将圆形的土豆薄片摆在铺着纸的烤盘上，摆成同心圆的形状，用盐和胡椒调味。烤 15 分钟左右，直到土豆变成棕色。

从烤箱中取出盘子，把鱼片放在中央，再放回到烤箱烤 10 分钟。从烤箱中取出土豆和鱼，放在盘子上。挑出酱汁里的蒜并丢掉，一勺一勺地把酱汁淋在鱼和土豆上后即可食用。

见左页配图

食材分量：4 人份
准备时长：25 分钟
烹饪时长：10 分钟

20 克黄油
5 个红葱头，切碎
30 克欧芹碎末
200 毫升干白葡萄酒
150 毫升双倍奶油
1 个蛋黄
60 毫升橄榄油
1 个柠檬，榨汁过滤
每片 200 克的石斑鱼片，共 4 片
盐和胡椒

替代鱼类：大西洋鳕鱼、无须鳕

268页　270页　276页

烤石斑鱼配红葱头酱汁
Filetti di cernia con salsa di scalogno

在煎锅或长柄平底锅中融化黄油，加入红葱头和欧芹，小火炒 5 分钟，稍微搅拌，直到红葱头变软、透明。加入葡萄酒，液体减半后关火，加入奶油和蛋黄搅拌。把锅放到一旁并保温。鱼片用盐和胡椒调味。在碗中放入橄榄油和柠檬汁，二者完全融合后将酱汁刷在鱼片上。把鱼片放在中火烧烤架上或预热好的烤炉里，每面烤 5 分钟，不断用橄榄油和柠檬汁的混合酱汁刷鱼片。将做好的鱼放到一个大盘子里，在另外的酱碟里倒入红葱头酱汁。

食材分量：4 人份
准备时长：30 分钟
烹饪时长：15 分钟

每片 200 克的石斑鱼片，共 4 片
50 克普通面粉
50 克黄油
30 毫升橄榄油
1 颗蒜瓣，去皮
10 片鼠尾草
30 毫升热水
1 个柠檬，榨汁过滤
盐
4 片柠檬薄片
700 克做熟的新土豆

替代鱼类：三文鱼、大西洋鳕鱼

268页　270页　276页

炒石斑鱼佐鼠尾草
Cernia alla salvia

用少量的盐给鱼片稍微调味，撒上适量面粉。将黄油、橄榄油、蒜瓣、鼠尾草放入煎锅或长柄平底锅中，开小火，直到蒜变成浅棕色。将蒜取出扔掉，将鱼片放入锅中，翻炒 15 分钟左右。把鱼挪到另一个盘子里。将鼠尾草从锅中取出丢掉，然后加入热水搅拌。把这锅汤浇在鱼上，淋上柠檬汁。用柠檬片装饰鱼片，再配上土豆，即可上桌。

见右页配图

食材分量：6 人份
准备时长：35 分钟
烹饪时长：40 分钟

1.2 千克的鮟鱇尾部，去皮切片
80 克黄油，化开备用
25 克碎龙蒿
45 毫升橄榄油
250 克油酥面团
6 片香脂草
盐和胡椒

酱汁：
20 克黄油
2 个红葱头，切碎成末
250 毫升鱼汤（见第 68 页）
75 毫升苦艾酒
60 克玉米面粉（玉米淀粉）
15 毫升柠檬汁
30 毫升橄榄油
盐

替代鱼类：三文鱼、大西洋鳕鱼

 268页 274页

鮟鱇包
Coda di rospo in crosta

把鮟鱇切成边长 1.5 厘米的小方片，把一半黄油和龙蒿放到一个碗里搅拌均匀，然后放在一旁备用。将橄榄油倒入不粘锅中加热，放入鱼，开中火，轻轻搅拌约 10 分钟，直到鱼变成棕色。撒盐和胡椒调味，熄火静置。

烤箱预热至 180 摄氏度。用锡箔纸铺好烤盘。融化剩余的黄油。擀开 3 个油酥面团，把它们放到工作台上，刷上化好的黄油。用湿餐巾盖好剩下的面团，防止变干。把刷好黄油的面皮叠在一起，中间夹上两片香脂草，放入三分之一的鮟鱇，再加入 15 克龙蒿黄油。折叠面皮，把馅料完全盖住，刷上化好的黄油，把鱼馅包放到准备好的烤盘上。采用同样的方法再做两个鱼馅包。烤制 15 分钟，直到整个鱼馅包变得金黄酥脆。

同时，准备酱汁。在小型煎锅中融化黄油，放入红葱头，用小火炒 5 分钟，偶尔搅拌，直到完全变软。用盐调味，加入鱼汤和苦艾酒，直到汤汁只剩下一半。拌入玉米面粉（或者玉米淀粉），然后放入柠檬汁、橄榄油，充分搅拌。把锅从火上移开，用手持搅拌机搅拌，直至酱汁均匀滑腻。把鱼馅包从烤箱中拿出来，放到大盘子里，立即上桌，把酱汁另外放到酱碟里。

见左页配图

食材分量：4 人份
准备时长：20 分钟
烹饪时长：30 分钟

60 毫升橄榄油
1 颗蒜瓣，切碎
半个洋葱，切碎
4 ～ 5 片罗勒，切碎
250 克鮟鱇鱼片，切成边长 2 厘米的小方块
100 毫升白葡萄酒
400 克樱桃番茄，切半
1 片月桂叶
2 个小洋蓟，切成薄片
50 克小麦，沥水
40 克橄榄，去核切碎
320 克撒丁岛意面、贝壳意面或蚬壳粉
盐和胡椒

替代鱼类：狗鲨、无须鳕

268页   274页

撒丁岛意面配小麦、鮟鱇和洋蓟
Malloreddus con farro, coda di rospo e carciofi

在炖锅中加热 45 毫升橄榄油，加入蒜、洋葱和罗勒，小火翻炒 5 分钟。放入鮟鱇，淋上葡萄酒，炖到酒精蒸发，然后放入番茄，盖上锅盖，再炖约 20 分钟。

同时在煎锅或长柄平底锅中，放入月桂叶，加热剩下的油。加入洋蓟，炒 4 ～ 5 分钟，直到洋蓟变软，熄火，把锅移开。在鱼煮熟前 5 分钟，将洋蓟、小麦和橄榄加入炖锅，如果味道淡，还可以用盐和胡椒调味。

将一大锅盐水烧开，放入撒丁岛意面，煮 8 ～ 10 分钟，等待再次烧开，直到意面煮到刚刚好、不软不硬。沥干水分，放入盘中。加入炖锅中的食材，撒上剩下的罗勒，即可上桌食用。

见右页配图

食材分量：4 人份
准备时长：20 分钟
烹饪时长：40 分钟

橄榄油
4 片白面包，去皮切碎
30 克碎欧芹
2 颗蒜瓣，切碎
3 条凤尾鱼，用盐腌制，洗净切碎
1.5 千克鮟鱇尾部，去膜
6 个红葱头，切成圈
盐和胡椒

替代鱼类：狗鲨、无须鳕

268页   274页

烤夹馅鮟鱇
Coda di rospo farcita

预热烤箱至 200 摄氏度。在烤盘上刷好橄榄油，在碗中放入面包、欧芹、蒜和凤尾鱼，加入 30 ～ 45 毫升橄榄油，把这些食材搅拌成馅料。将鮟鱇放在菜板上，鱼骨明显的那一面朝上。用一把锋利的刀沿着骨头两侧切开，尽最大可能不要切断两片鱼片，保证它们相连。把鱼骨切下来，丢掉。用馅料填满被挖空的部分，再把鱼裹好，撒上盐和胡椒调味，每隔 2.5 厘米，用厨房用绳子绑一圈。把鱼放在烤盘中，加入红葱头，烤 40 分钟。把菜从烤箱里拿出来，把绳子解开、扔掉，和烤盘中的汤汁一起端上桌。

食材分量：4 ~ 6 人份
准备时长：15 分钟
烹饪时长：40 分钟

50 克黄油
1 个红葱头，切碎
半根胡萝卜，切碎
30 毫升白兰地
400 毫升红酒
3 ~ 4 片鼠尾草叶
1 根百里香
红酒醋
1 千克的鮟鱇鱼片，切成大小相当的鱼块
15 克普通面粉
15 毫升干辣油
100 克洋葱，切碎
100 克蘑菇片
盐和胡椒

替代鱼类：海鲂鱼、石斑鱼

268页   274页

红酒酱汁炖鮟鱇
Coda di rospo al vino rosso

在炖锅中融化一半黄油，加入红葱头和胡萝卜，用小火炒 5 分钟，偶尔搅拌一下，直到变软。淋上白兰地，直到酒精蒸发。然后加入红酒、百里香、鼠尾草叶和红酒醋，用盐和胡椒调味。盖上锅盖，文火慢炖约 20 分钟，沥干水分后，倒回锅内，再加热。加入鱼，炖 10 分钟，用漏勺把鱼盛出来，保温放好。把火调高之后，加入面粉和剩下的黄油，慢慢搅拌，把酱汁煮开。继续快速搅拌 10 分钟，直到酱汁变稠，然后关掉火。在另外一个锅里倒入干辣油，加热，放入洋葱，开小火，不停翻炒 5 分钟，直到洋葱变软。放入蘑菇，倒入红酒酱汁，加入鱼，小火慢炖 5 分钟，最后装盘上菜。

食材分量：4 人份
准备时长：30 分钟
烹饪时长：45 分钟

4 个西葫芦，切薄片
普通面粉
90 毫升橄榄油
1 个洋葱，切碎
1 根芹菜，切碎
200 毫升意式番茄酱（番茄泥罐头）
15 克刺山柑，沥水，洗净，切碎
100 克去核青橄榄，切碎
600 克大西洋鳕鱼片，切块
盐和胡椒

替代鱼类：无须鳕、多宝鱼、菱鲆

268页   270页   276页

橄榄刺山柑炖鳕鱼
Spezzatino di merluzzo con olive e capperi

在西葫芦上轻轻撒上一些面粉，抖掉多余散粉。在大煎锅或长柄平底锅里倒入一半橄榄油，加热，放入西葫芦（可以分批放入）。中火加热大约 5 分钟，偶尔搅拌一下，直到西葫芦的两面煎得金黄，用漏勺取出，用厨房用纸吸干多余的油，撒上盐，保温备用。将剩余的橄榄油放入一个大炖锅中，加入洋葱、芹菜，开小火搅拌 5 分钟。加入意式番茄酱（番茄泥罐头）、刺山柑和橄榄，小火炖 10 分钟左右。把火调高，加入鳕鱼，再炖几分钟。加入盐和胡椒调味，放入西葫芦，调小火，盖上锅盖炖 30 分钟，即可食用。

食材分量：4 人份
准备时长：15 分钟 +1 小时静置
烹饪时长：20 分钟

25 克黄油
175 毫升橄榄油
8 片大西洋鳕鱼片
番茄酱

面糊：
100 克普通面粉
1 个鸡蛋，分开蛋黄和蛋白
120 毫升常温啤酒
盐

替代鱼类：无须鳕、海鲂鱼

268页　270页　276页

酥炸啤酒面糊裹鳕鱼
Filetti croccanti di merluzzo in pastella alla birra

先做面糊。把面粉筛到碗中，加入少许盐和蛋黄，搅拌均匀。搅拌时，慢慢加入啤酒，继续搅拌直到面糊光滑细腻，盖上盖子静置 1 小时。将蛋白放入没有油脂的碗中，搅拌至凝固，然后混入面糊。

在煎锅或长柄平底锅中融化黄油，加入橄榄油，持续加热。把鳕鱼片小心地浸入面糊，沥干多余的面糊，放入热油中。炸 10 分钟，直到鱼块金黄。将鱼片取出，用厨房用纸吸干多余的油。配上番茄酱，即可上桌。

食材分量：4 人份
准备时长：20 分钟 +10 分钟静置
烹饪时长：20 分钟

1 颗蒜瓣，切碎
1 个洋葱，切碎
1 个辣椒，去籽切碎
15 克碎百里香
10 克碎迷迭香
800 克大西洋鳕鱼片
橄榄油
盐

替代鱼类：无须鳕、鳟鱼

268页　270页　276页

香酥鳕鱼
Merluzzo agli aromi

把蒜、洋葱、辣椒、百里香和迷迭香放到小碗里搅匀，之后均匀地撒在鱼身上，使佐料充分地与鱼结合，更好入味。静置 10 分钟。

在一个大不粘锅或长柄平底锅中刷上橄榄油，放入鱼片，煎 10 分钟左右，直到鱼片底部煎成金黄色。再用铲子翻面煎 10 分钟，直到鱼变成金黄色。用盐调味后，即可上菜。

食材分量：6 人份
准备时长：30 分钟 +2 小时腌制
烹饪时长：35 分钟

1.2 千克大西洋鳕鱼，去皮切块
15 克芥菜籽，捣碎
50 克黄油
2 个红葱头，切成碎末
500 克去壳的新鲜豌豆或冻豌豆
150 毫升稀奶油或淡奶油
30 毫升橄榄油
盐
碎莳萝

替代鱼类：三文鱼、无须鳕

268页   270页   276页

奶油豌豆酱轻炒鳕鱼块
Sauté di merluzzo con crema di piselli

将鳕鱼块放入盘中，撒上芥菜籽，腌 2 小时。在煎锅或长柄平底锅里融化黄油，加入红葱头，用小火加热 5 分钟，偶尔搅拌，直到变软。加入 400 克豌豆和 200 毫升水，用盐调味。盖上锅盖煮 20 分钟。同时，做奶油豌豆酱。将剩余的豌豆放到装满大量盐水的锅里，煮 5 ~ 10 分钟，直到变软，沥干水分，放入食物料理机快速搅拌，加入奶油后再次搅拌。尝尝味道，如有需要再放入适量的盐。把搅拌好的豌豆倒入炖锅里，小火保温，不需要彻底煮沸。在煎锅或长柄平底锅中加入橄榄油，加热后加入鳕鱼块，用大火加热 5 ~ 6 分钟，偶尔翻炒，加少量盐调味。用勺子舀豌豆酱，铺到上菜用的盘子上，把鱼块放在上面。将混合好的红葱头和豌豆放到鱼周围，撒上莳萝即可食用。

见左页配图

食材分量：6 人份
准备时长：20 分钟 +2 小时腌制
烹饪时长：10 分钟

6 片重 175 克左右的大西洋鳕鱼片，厚 4 厘米左右
50 克盐腌凤尾鱼，洗净，切片，切碎
7.5 克淡芥末
1 根欧芹，切碎
少量干牛至
2 个蛋黄
半个柠檬，榨干滤净
橄榄油
普通面粉
盐和胡椒

替代鱼类：无须鳕、鮟鱇

268页   270页   276页

香草芥末煎鳕鱼
Filetti di merluzzo piccanti

将鳕鱼片平铺在一个大盘子上，一层即可。将凤尾鱼、芥末、欧芹、牛至、蛋黄和少许盐和胡椒在碗中混合搅拌。加入柠檬汁，然后缓缓加入足量的橄榄油，继续搅拌，做好浓稠的类似蛋黄酱般的酱汁。把酱汁均匀地淋在鳕鱼片上，封好后放入冰箱，腌制 2 小时。

同时，在煎锅或长柄平底锅中加热橄榄油。给鳕鱼裹上面粉后，分批放入锅中，每批煎 3 分钟左右，偶尔翻面。用厨房用纸吸干油脂，撒上一点盐。

食材分量：4 人份
准备时长：20 分钟
烹饪时长：30 分钟

橄榄油
2 根迷迭香
6 片罗勒叶
100 毫升盐腌凤尾鱼，去头切片、清理干净，
用冷水浸泡 10 分钟后沥干水分
1 条 1 千克的大西洋鳕鱼，去鳞，清理干净
50 克新鲜面包屑
4 个黑橄榄，去核切片
盐和胡椒

替代鱼类：无须鳕、鮟鱇

 268页

西西里岛烤鳕鱼
Merluzzo alla siciliana

预热烤箱至 200 摄氏度。在烤盘上刷上橄榄油。把迷迭香和罗勒叶切碎，然后切凤尾鱼。在炖锅中放入 30 毫升橄榄油，加入凤尾鱼，用木勺捣碎，直到所有食材完全融合在一起。舀一点凤尾鱼肉糜，放入鳕鱼的中间，加入部分切碎的迷迭香、罗勒叶和 15 毫升橄榄油。把剩下的凤尾鱼肉糜盛到烤盘里，放入鱼，撒上剩余的迷迭香、罗勒碎和面包屑，用盐和胡椒调味，烘烤 30 分钟。用橄榄装盘后，即可上桌。

见右页配图

食材分量：6 人份
准备时长：30 分钟 +1 小时冷却
烹饪时长：15 分钟

250 克大西洋鳕鱼，去皮，切成小片
半个洋葱，切碎
15 毫升柠檬汁
175 ~ 200 毫升牛奶
橄榄油

面糊：
45 克普通面粉
1 个鸡蛋
15 毫升橄榄油
15 克欧芹碎末
1 颗蒜瓣，切成碎末
盐和胡椒

替代鱼类：狭鳕鱼

 268页　270页

酥炸鳕鱼片
Frittelle di baccalà

把鱼放到碗里，加入洋葱和柠檬汁，倒入足量的牛奶完全淹没食材，冷却至少 1 小时。同时做面糊。把面粉筛到另一个碗中，打匀鸡蛋，加入橄榄油、欧芹、蒜、少许盐和胡椒，持续搅拌，直到所有用料完全融合。在炸锅里加热大量橄榄油到 180 ~ 190 摄氏度。把鳕鱼片彻底沥干，放入面糊。把裹好面糊的鱼放入热油，每一批放几块，炸 3 ~ 5 分钟，直到鱼变成金黄色。用漏勺盛出来，用厨房用纸吸干油脂。炸好的鱼需要保温，做完后即刻上菜。

食材分量：4 人份
准备时长：35 分钟
烹饪时长：30 分钟

500 克番茄，去皮去籽，捣碎
橄榄油
2 颗蒜瓣
100 克黑橄榄，去核切片
30 克刺山柑，用盐腌制，清洗干净后切片
50 克松子仁
50 克葡萄干
600 克大西洋鳕鱼，去皮去骨，切成片
普通面粉
盐和胡椒

替代鱼类：狭鳕鱼

 268页　270页

那不勒斯式炸烤鳕鱼
Baccalà alla partenopea

首先，做番茄酱。把番茄放到搅拌机或食物料理机中，加工成糊。将橄榄油、番茄糊、蒜、橄榄、刺山柑、松子仁和葡萄干放入煎锅或长柄平底锅中，加入少许盐和胡椒，放入 150 毫升的水，开小火煮 20 分钟，偶尔搅拌。

预热烤箱至 180 摄氏度。在炸锅里加热大量橄榄油到 180 ~ 190 摄氏度。在鱼片上撒上面粉，抖掉多余的面粉，放入滚烫的油中炸 5 ~ 8 分钟，直到鱼片变成金黄色。用锅铲把鱼捞出来，用厨房用纸吸干油脂。把鱼挪到烤盘上，把番茄酱倒在鱼上，烘烤 30 分钟即可。

食材分量：4 人份
准备时长：20 分钟
烹饪时长：40 分钟

橄榄油
4 颗蒜瓣，切成碎末
2 棵韭葱，切成碎末
300 克番茄，去皮切碎
800 克大西洋鳕鱼，去皮切片
普通面粉
30 克碎欧芹
盐和胡椒

替代鱼类：狭鳕鱼

 268页　270页

鳕鱼佐番茄酱
Baccalà con pomodori

在煎锅或长柄平底锅中倒入橄榄油，用小火加热，放入蒜和韭葱，偶尔搅拌，炒 5 ~ 7 分钟，直到食材变软。放入番茄，用盐和胡椒调味，小火煨 15 分钟，偶尔搅拌。在鱼上撒上面粉，抖掉多余的面粉。将足量的橄榄油倒入大煎锅或长柄平底锅，4 ~ 5 厘米深即可，开火加热。把鱼放入油锅，每面煎 8 ~ 10 分钟，直到金黄色。用锅铲把鳕鱼捞出来，用厨房用纸吸干油脂，然后放入装有蔬菜的锅里。撒上欧芹，用小火再加热几分钟。把鱼和酱汁倒在盘子上，立刻上桌。

见左页配图

食材分量：4 人份
准备时长：1 小时
烹饪时长：15 分钟

400 克活贻贝，搓洗干净
30 毫升橄榄油
1 颗蒜瓣，切碎末
半个洋葱，切碎
150 克蘑菇
12 个黑橄榄，去核切片
4 个番茄，切丁
15 克碎欧芹
2 条无须鳕，清洗干净，切片
干白葡萄酒
盐和胡椒

替代鱼类：大西洋鳕鱼、鮟鱇

268页　　270页　　276页　　280页

纸包烤无须鳕与贻贝
Cartoccio di nasello e cozze

将贻贝放入炖锅，开大火加热 4 ~ 5 分钟，偶尔摇晃锅，直到贻贝的壳打开。把锅移开，把壳没有打开的贻贝扔掉。把贻贝肉从壳中取出，放在一旁备用。预热烤箱至 180 摄氏度。同时，做酱汁。在平底锅中加热油，放入蒜和洋葱，开小火，偶尔搅拌，炒 5 分钟，直到变软。放入蘑菇炒 7 ~ 8 分钟，然后倒入贻贝肉、橄榄和番茄，加盐和胡椒调味。煨 5 分钟，撒上欧芹。将鱼放入烤盘，倒入葡萄酒，加入盐和胡椒调味，再烘烤 10 分钟。从烤箱中取出鱼，调高烤箱温度至 190 摄氏度。在烤盘中铺上烘焙纸，把三分之一的酱汁倒入烤盘中间。把鱼放到酱上，用勺子把剩下的酱汁浇在上面。鱼包起来，烘烤 15 分钟。烤好的鱼直接上桌即可。

见右页配图

食材分量：6 人份
准备时长：35 分钟
烹饪时长：4 分钟

500 克茴香，切碎
300 克土豆，切小块
1.5 千克无须鳕，洗净切片
100 毫升橄榄油
45 毫升潘诺酒
25 克碎莳萝
盐和胡椒

替代鱼类：大西洋鳕鱼、狗鲨

268页　　270页　　276页

无须鳕佐茴香糊
Nasello con pure di finocchi

用煮沸的盐水煮茴香，15 分钟即可，接着加入土豆，继续煮约 15 分钟，直到土豆变软。同时，将鳕鱼片切成中等大小。沥干蔬菜，放入料理机打碎，打成平滑细腻的糊。将茴香糊放入碗中，倒入一半橄榄油，然后加入潘诺酒[1]。用一点盐和胡椒调味，放在一旁保温备用。用蒸锅蒸无须鳕鱼片约 4 分钟，直到鱼肉可以轻易分开。放入盘中，用莳萝装饰好，淋上剩余的橄榄油，加少许胡椒粉后上桌。

1　法式绿茴香酒。

食材分量：4 人份
准备时长：15 分钟
烹饪时长：10 分钟

橄榄油
4 片 225 克的无须鳕鱼排
1 个洋葱，切碎
1 根欧芹，切碎
1 个柠檬，榨汁滤净
盐和胡椒

替代鱼类：大西洋鳕鱼、康吉鳗、三文鱼

 268页

烤无须鳕佐青酱
Nasello in salsa verde

预热烤箱至 200 摄氏度。给烤盘刷上橄榄油，把鱼放进去，烘烤 10 分钟左右。

同时，做青酱。在炖锅中加热 30 毫升橄榄油，加入洋葱，用小火翻炒 5 分钟，直到洋葱变软。用盐和胡椒调味，把锅移开，保温备用。加入欧芹、柠檬汁。把酱汁淋在无须鳕上，即可上菜。

见左页配图

食材分量：4 人份
准备时长：30 分钟
烹饪时长：30 分钟

橄榄油
4 个土豆，切成薄片
800 克无须鳕鱼片
1 根百里香
1 根迷迭香
盐和胡椒

替代鱼类：海鲷鱼、康吉鳗

 268页   270页   276页

烤无须鳕配土豆片
Nasello con patate

预热烤箱至 200 摄氏度。在烤盘上刷上橄榄油，把一半土豆片均匀地铺在盘子上。把鱼放在土豆片上，加入百里香和迷迭香，用盐和胡椒调味。再把剩下的土豆片盖在上面，淋上橄榄油。烤 30 分钟后即可上桌。

食材分量：4 人份
准备时长：1 小时 15 分钟 +5 小时静置
烹饪时长：30 分钟

600 克无须鳕，清理干净，切片去皮
45 毫升橄榄油
2 个洋葱，切碎
1 颗蒜瓣，切碎
1 束欧芹，切碎
2 条凤尾鱼，用盐腌制，洗净切碎
15 毫升鱼汤（见第 68 页）
250 ~ 300 毫升牛奶
350 克玉米淀粉
盐和胡椒

替代鱼类：大西洋鳕鱼、海鲈鱼

268页   270页   276页

奶香无须鳕配波伦塔 [1]
Nasello al latte con cipolle e polenta

先做波伦塔。将 1.2 升水倒入一个大炖锅中，烧开，然后加入一大撮盐。撒入玉米淀粉，不停搅拌，煮 35 ~ 45 分钟，直到玉米糊变稠，开始从锅壁上落下。弄湿工作台，把煮玉米糊的锅从火上移下，将玉米糊倒在准备好的工作台上，用橡胶锅铲蘸水后抹平玉米糊，厚度约 2 厘米。冷却静置（这个环节可能需要 5 小时）。

在煎锅或长柄平底锅中加热橄榄油，放入洋葱、蒜、欧芹，用低温微微翻炒几分钟。接下来先放凤尾鱼，再放无须鳕，加入鱼汤，倒入足量的牛奶完全没过鱼。用盐和胡椒调味。用小火煮 20 ~ 30 分钟，直到锅中的液体变得光滑。同时，将波伦塔放入预热好的烤箱，烤制 3 分钟左右。把无须鳕挪到一个上菜的盘子里，周围放上波伦塔，即可上菜。

食材分量：6 人份
准备时长：30 分钟
烹饪时长：20 分钟

2 片 900 克的海鲷鱼片
5 克碎香菜
6 个豆蔻荚，打开备用
90 毫升蔬菜汤（见第 85 页）
3 个番茄，去皮去籽，切碎
20 个黑橄榄，去核切碎
30 毫升苦艾酒
盐和胡椒

酱汁：
250 毫升橄榄油
100 毫升热水
1 个柠檬，榨干滤净
2.5 克碎欧芹
少量碎牛至
盐与胡椒

替代鱼类：海鲈鱼

268页   270页   276页

海鲷鱼佐橄榄与香料
Sarago alle olive e spezie

预热烤箱至 180 摄氏度。在鱼片上撒上碎香菜和小豆蔻种子，用盐和胡椒调味。将汤倒入烤盘，放入鱼、番茄和橄榄，淋苦艾酒，烘烤 20 分钟。

同时，做酱汁。将所有食材放入搅拌机或料理机搅拌，直到它们完全融合，盛出来放入酱碟。从烤箱中取出餐盘，与酱碟分开上桌。

见右页配图

1　一种意式传统食物，用玉米淀粉做成，可理解为玉米粥或玉米糊。

食材分量：4 人份
准备时长：20 分钟 +3 小时腌制
烹饪时长：6 ~ 8 分钟

3 个柠檬，榨汁滤净
1 颗蒜瓣，切成碎末
1 根薄荷，切成碎末
1 根百里香，切成碎末
1 根牛至，切成碎末
1 根欧芹，切成碎末
75 毫升橄榄油
4 片海鲷鱼片
盐和胡椒

替代鱼类：大西洋鳕鱼、海鲈鱼

 268页 ┃ 270页 ┃ 276页

煎腌海鲷鱼片
Sarago marinato

将柠檬汁、蒜、薄荷、百里香、牛至、欧芹和 15 毫升橄榄油放在盘子里，搅拌均匀。放入鱼片，来回翻面裹好酱汁，放在阴凉地方腌制 3 小时。

在煎锅或长柄平底锅中加热剩下的油。将鱼沥干，接着放入锅中。用大火煎约 4 分钟，再淋上 30 毫升腌料。小心地把鱼片翻过来，再煎 4 分钟。用盐和胡椒调味，用锅铲把鱼挪到上菜的盘子上，即可食用。

见左页配图

食材分量：4 人份
准备时长：20 分钟
烹饪时长：30 分钟

橄榄油
4 棵韭葱，切成薄片
1 根胡萝卜，切成薄片
1 条 1 千克的海鲷鱼，去鳞，清理干净
30 克碎欧芹
200 毫升干白葡萄酒
盐和胡椒

替代鱼类：无须鳕、大西洋鳕鱼

 268页

葱香烤海鲷
Sarago con i porri

预热烤箱至 200 摄氏度。在烤盘上刷好橄榄油，把一半韭葱和胡萝卜片放上去。把鱼放在上面，再把剩下的韭葱和胡萝卜片盖在鱼片上。撒上碎欧芹，用盐和胡椒调味。倒入葡萄酒，淋上橄榄油，然后放入烤箱烤 30 分钟。结束后，从烤箱拿出来，小心地把鱼盛到盘子里上桌。

食材分量：6 人份
准备时长：15 分钟
烹饪时长：45 分钟

1 条 1.5 千克的海鲷鱼，去鳞，清理干净
1.8 千克粗盐
橄榄油
1 个柠檬，榨汁滤净
盐和胡椒

替代鱼类：海鲈鱼、乌鲳鱼

268页

咸香风味烤海鲷
Sarago al sale

预热烤箱至 200 摄氏度。在鱼的腹腔中撒上盐和胡椒调味。在烤盘上铺上一层锡箔纸，撒上 400 克粗盐，然后把鱼放在上面。把剩下的粗盐全部撒在鱼上，放入烤箱，烘烤 45 分钟（每 500 克鱼需要烤 15 分钟）。将烤盘从烤箱中取出，剥掉盐壳。把鱼盛到盘子里，淋上橄榄油和柠檬汁即可上桌。

见右页配图

食材分量：4 人份
准备时长：15 分钟 +3 小时腌制
烹饪时长：30 分钟

1 条 1 千克的海鲷鱼，清理干净，去鳞切片
5 个柠檬，榨汁滤净
500 克洋葱，切片
3 颗蒜瓣，捣碎
1 个新鲜辣椒，切碎
普通面粉
45 毫升橄榄油
盐和胡椒

替代鱼类：海鲈鱼、红鲻鱼

268页

煎海鲷佐柠檬
Sarago al limone

把鱼放到碗中，加入柠檬汁、洋葱、蒜和辣椒，腌制 3 小时。将鱼从碗中取出，用厨房用纸擦干，撒上面粉。过滤腌料，把汁水滤到另一个碗里，留下腌料里的洋葱、蒜和辣椒。在煎锅或长柄平底锅中倒入橄榄油，放入鱼片，用中火每面煎 4 分钟，然后从锅中取出，保温备用。锅里放入洋葱、蒜和辣椒，开小火，偶尔搅拌，翻炒 5 分钟。把鱼再放入锅中，倒入汁水，用盐和胡椒调味。盖上锅盖，煨 15 分钟，即可上菜。

食材分量：4 人份
准备时长：10 分钟
烹饪时长：50 分钟

1 千克金头鲷或其他海鲷鱼，去鳞，清洗干净
1 升干白葡萄酒
1 根胡萝卜，切成大块
1 个洋葱，切成大块
15 克粗切的欧芹
1 片月桂叶
1 颗蒜瓣，捣碎
50 克金葡萄干或无核葡萄干
25 克黄油
盐

替代鱼类：海鲈鱼、乌鲷鱼

 268页 270页

海鲷佐金葡萄干
Sarago con uva sultanina

把鱼放入一个足够大的防火砂锅中，倒入足量的葡萄酒，没过鱼，再放入胡萝卜、洋葱、欧芹、月桂叶和蒜，用盐调味。小火慢炖 45 分钟，直到鱼肉的薄片可以轻易掉落。小心地把鱼盛出来，沥干汁水，然后把鱼切成两半，把脊椎骨和与之相连的骨头剔出去。将鱼放在一个餐盘上，保温备用。

将汤汁过滤到碗中，分装成两份；蔬菜留在过滤器中，把月桂叶丢掉。将其中一份放到搅拌机或料理机中，倒入过滤器中的蔬菜，开始搅拌。另外一份倒在炖锅里，放入金葡萄干，用中高火加热，煮到收汁。倒入搅拌完毕的蔬菜和黄油，开大火加热。把酱汁倒在鱼上，立刻上桌。

食材分量：4 人份
准备时长：10 分钟
烹饪时长：25 分钟

橄榄油
50 克面包屑
4 片 200 克的海鲂鱼片
30 克碎欧芹
足量干牛至
足量蒜末
400 毫升干白葡萄酒
盐和胡椒

替代鱼类：无须鳕、多宝鱼

 268页 270页 276页

香烤海鲂鱼
Filetti di San Pietro gratinati

预热烤箱至 180 摄氏度，给烤盘刷上橄榄油。将四分之一的面包屑撒在准备好的盘子上，在上面放两片鱼片。撒上一半欧芹、一半牛至、一半蒜末、四分之一的面包屑，放盐和胡椒调味。再放入剩下的鱼片，撒上剩下的欧芹、牛至、蒜末和四分之一的面包屑。淋上葡萄酒，用中火给盘子加热，直到酒精完全蒸发。把盘子放入烤箱，有需要时淋橄榄油，烤 8 分钟。把盘子从烤箱中取出来，撒上剩余的面包屑，淋上橄榄油，再放回烤箱。再烘烤 7 ~ 12 分钟，直到鱼肉松散、浇头呈金黄色。做好之后，立刻上菜。

食材分量：4 人份
准备时长：45 分钟
烹饪时长：10 ~ 15 分钟

100 克黄油
500 克嫩豌豆，清理干净
1.5 千克海鲂鱼，洗净切片
普通面粉
盐和胡椒
茴香叶

替代鱼类：大西洋鳕鱼、菱鲆

268页　270页　276页

嫩豌豆清炒海鲂鱼片
San Pietro con taccole

在煎锅或长柄平底锅中，融化一半黄油，加入嫩豌豆，小火烹饪 5 分钟，偶尔翻炒，用盐和胡椒调味。加入 150 毫升的水，盖上锅盖煨 30 分钟。轻轻地把面粉撒到鱼上，把多余的面粉抖掉。将剩下的黄油放入锅中化开，放入鱼，开中火加热至金黄色。把嫩豌豆沥干，将嫩豌豆和鱼一起放入加热过的盘子里。用茴香叶摆盘，之后上桌。

食材分量：4 人份
准备时长：10 分钟
烹饪时长：20 分钟

30 毫升橄榄油
4 片海鲂鱼片
1 个柠檬，榨汁滤净
120 毫升马尔萨拉白葡萄酒
30 克碎罗勒
盐和胡椒

替代鱼类：鮟鱇、狗鲨

268页　270页　276页

马尔萨拉煨海鲂鱼
San Pietro al marsala

在煎锅或长柄平底锅中加热橄榄油，放入鱼，开大火煎，每一面煎 5 分钟，直到鱼呈棕色。加盐和胡椒调味，淋上柠檬汁和葡萄酒，再煮 10 多分钟。撒上罗勒，关火，立刻上菜。

食材分量：4 人份
准备时长：15 分钟
烹饪时长：50 分钟

45 毫升橄榄油
4 片海鲂鱼片
1 个洋葱，切薄片
1 根芹菜，切薄片
1 根胡萝卜，切薄片
半颗蒜瓣
200 克番茄，切块
30 克欧芹碎末
15 克罗勒碎末
1 个辣椒，去籽切碎
100 毫升干白葡萄酒
香醋
盐和胡椒

替代鱼类：多宝鱼、无须鳕

268页   270页   276页

香辣炖海鲂
Filetti di San Pietro all'acqua pazza

在一个大的防火砂锅中加热橄榄油，放入洋葱、芹菜、胡萝卜、蒜、番茄、欧芹、罗勒和辣椒，小火炒 10 分钟，偶尔搅拌。用盐和胡椒调味，倒入 400 毫升水和 100 毫升葡萄酒，淋上少许香醋，煨 15 分钟。同时，预热烤箱至 180 摄氏度。把海鲂鱼片放入砂锅，再把砂锅放入烤箱，烤 20 分钟，直到鱼肉松散。从烤箱中拿出砂锅，把鱼盛在盘子中。继续用中高火加热砂锅，直到锅中的液体变少、变稠，然后用勺子把酱汁浇在鱼上，即可食用。

见左页配图

食材分量：4 人份
准备时长：20 分钟 +2 小时静置
烹饪时长：8 ~ 10 分钟

75 毫升橄榄油
1.5 千克海鲂鱼片
盐和胡椒

酱汁：
750 克番茄，去皮去籽，切丁
少量柠檬皮，切碎
6 片罗勒叶，切碎
半颗蒜瓣，切碎
少量干百里香
5 克碎欧芹
75 毫升橄榄油
盐和胡椒

替代鱼类：大西洋鳕鱼、菱鲆

268页   270页   276页

烤海鲂鱼配番茄香草酱
Filetti di San Pietro al pomodoro ed erbe di stagione

先做酱汁。把番茄放在滤盆中，放置 15 分钟，沥干水分。把柠檬皮、罗勒、蒜、百里香放到碗中，加入番茄、欧芹和 15 毫升橄榄油，用盐和胡椒调味。搅拌均匀，封好后放到冰箱静置 2 小时，直到食材与佐料完全融合。预热烤箱至 200 摄氏度。将 60 毫升橄榄油倒入烤盘中，放入鱼片，用盐和胡椒调味。烘烤 8 ~ 10 分钟，直到肉质变得松散。同时，将酱汁倒入炖锅，用文火煮，不要煮沸。从烤箱中拿出盘子，把鱼盛到上菜用的盘子里。立刻上菜，酱汁装到酱碟里后再上桌。

食材分量：4 人份
准备时长：25 分钟
烹饪时长：20 ~ 30 分钟

黄油
200 克蘑菇，切薄片
1 条 800 克的蝎子鱼，去头去鳍去鳞，清洗干净
3 片柠檬
175 毫升干白葡萄酒
盐和胡椒

替代鱼类：乌鲻鱼、鳟鱼

268页

烤蝎子鱼配蘑菇
Scorfano ai funghi

预热烤箱至 180 摄氏度。在烤盘上刷上黄油。把蘑菇铺在烤盘上，上面放鱼，把盐撒在鱼上，在鱼上涂上黄油，放柠檬片，淋上葡萄酒。烘烤 20 ~ 30 分钟，不断把盘子拿出来刷黄油。烤好之后，直接上桌。

食材分量：4 人份
准备时长：25 分钟
烹饪时长：20 ~ 30 分钟

4 条蝎子鱼，剪鳍去鳞，清理干净
半把百里香，切碎
60 毫升橄榄油
1 个柠檬，榨汁滤净
100 克盐腌凤尾鱼，清理干净，去头切片，用冷水浸泡 10 分钟，沥干水分
100 克黄油，化开
盐和胡椒

替代鱼类：红鲻鱼、鳟鱼

268页

烤蝎子鱼佐百里香
Scorfano al timo

预热烤箱至 180 摄氏度。把盐和胡椒撒在鱼腹中调味，放入一些百里香。把剩下的百里香放到烤盘里，放入鱼，再次用盐和胡椒调味。把橄榄油和柠檬汁搅拌在一起，然后倒在鱼上面。放入烤箱烤 20 ~ 30 分钟，烤的过程中多次拿出来淋橄榄油。同时，把凤尾鱼切碎。把切碎的凤尾鱼放到碗中，加入黄油捣碎，直到鱼与黄油彻底融合在一起。鱼烤熟之后，搭配上凤尾鱼黄油，一起上菜。

见右页配图

食材分量：4 人份
准备时长：25 分钟
烹饪时长：15 ~ 20 分钟

2 条 300 克的蝎子鱼，去头去鳍去鳞，清
洗干净
45 毫升橄榄油
4 个番茄，去皮去籽，切丁
1 颗蒜瓣，切成碎末
少许藏红花丝
500 毫升干白葡萄酒
盐和胡椒

替代鱼类：红鲻鱼、鳟鱼

288页

白酒酱藏红花煨蝎子鱼
Scorfano al vino bianco e zafferano

把鱼放在防火砂锅中，加入橄榄油和番茄。用盐和胡椒调味，
再加入蒜和藏红花，倒入葡萄酒。烧开，盖上锅盖，中火煨
15 ~ 20 分钟。把锅从火上移开，让鱼在汤汁中冷却。冷却
之后上桌。

食材分量：6 人份
准备时长：10 分钟
烹饪时长：45 分钟

30 毫升橄榄油
800 克狗鲨鱼片
半个洋葱，切碎
1 千克豌豆，去壳
250 毫升意式番茄酱
盐和胡椒
碎欧芹

替代鱼类：鮟鱇、无须鳕

268页 270页 276页

罗马式炖狗鲨配豌豆
Palombo con i piselli alla romana

在一个大煎锅或长柄平底锅中加热橄榄油，放入洋葱，小火
煎 5 分钟，偶尔搅拌。加入豌豆、意式番茄酱和能够没过豌
豆的足量的水，煮 35 分钟。加入鱼片，用盐和胡椒调味，
小火慢炖 5 分钟，直到鱼肉松散。把鱼盛到一个盘子中，用
欧芹装饰摆盘，然后上桌。

见左页配图

食材分量：4 人份
准备时长：15 分钟 +2 小时腌制
烹饪时长：10 分钟

4 大块狗鲨鱼块

腌料：
1 个洋葱，切薄片
2 颗蒜瓣，切薄片
1 根罗勒，粗切几下
2 根欧芹，粗切几下
1 个辣椒，去籽切碎
1 朵丁香
1 个柠檬，榨汁滤净
100 毫升橄榄油
盐和胡椒

替代鱼类：鮟鱇、鳟鱼

 268页   270页

腌狗鲨
Palombo marinato

首先，做腌料。把洋葱、蒜、罗勒、欧芹、辣椒、丁香、柠檬汁、橄榄油和少许盐和胡椒放入盘中。将鱼放入腌料，在冰箱中腌制 2 小时，多次给鱼翻面。预热烤架。把鱼沥干，留下腌料。把鱼放上烤架，用腌料刷鱼，每一面烤 5 分钟。把鱼盛在盘子上上桌。

食材分量：4 人份
准备时长：10 分钟
烹饪时长：20 分钟

800 克狗鲨鱼片，切小片
普通面粉
60 毫升橄榄油
4 个红葱头，切碎
1 罐凤尾鱼片罐头，沥干剁碎
30 克碎欧芹
200 毫升干白葡萄酒
盐和胡椒

替代鱼类：鳟鱼、大西洋鳕鱼

 268页   270页   276页

白葡萄酒煨狗鲨
Palombo al vino bianco

把面粉撒在鱼片上，再把多余的面粉抖掉。在煎锅或长柄平底锅中加热橄榄油，放入鱼，用大火把每一面煎大约 5 分钟，直到变成棕色。然后用盐和胡椒调味，转小火。同时，在另外一个煎锅中加热橄榄油，把红葱头放进去，小火炒 5 分钟，直到葱头变软。放入凤尾鱼和欧芹，淋上葡萄酒，开大火，直到收汁完成。放入 15 毫升水，用少量盐和胡椒调味。把酱料倒在鱼片上，炖若干分钟，直到鱼彻底热透，即可上桌。

食材分量：6 人份
准备时长：20 分钟
烹饪时长：40 分钟

1.2 千克红鲻鱼，清理干净，切片，保留鱼
头和鱼骨
150 毫升橄榄油
50 克碎韭葱
300 毫升弗留利葡萄酒
30 片新鲜罗勒叶
盐和胡椒

替代鱼类：乌鲻鱼、蝎子鱼

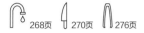
268页　270页　276页

葡萄酒炖红鲻鱼
Filetti di triglia al vino bianco

首先，把鱼鳃切掉、丢掉。在一个大炖锅中加入 75 毫升橄榄油，再放入韭葱，用小火煎 5 分钟，偶尔搅拌，直到韭葱变软。放入鱼头和鱼骨头，倒入约 250 毫升葡萄酒，继续煮，直到收汁。倒入 350 毫升水，再煨 15 分钟。把锅从火上移开，把食材盛到干净的炖锅中。继续煮，使酱汁变得像枫糖一般黏稠。用盐和胡椒调味，然后把锅从火上移开。在煎锅中放入剩下的橄榄油，加热。把部分罗勒撕成小片，放入锅中，再把鱼片放进去，一起煎 3 ~ 4 分钟，然后淋上剩余的红酒，继续煮，直到酒精蒸发。将鱼和汤汁一起盛到另外一个用于上菜的盘子上，摆上剩下的罗勒，即可上菜。

食材分量：4 人份
准备时长：30 分钟
烹饪时长：30 分钟

橄榄油
12 条红鲻鱼
1 颗蒜瓣，去皮
1 把芦笋，洗干净，择干净
1 个番茄，去皮去籽，切丁
1 个西葫芦，切丁
10 片新鲜罗勒叶，切碎
面粉
盐和胡椒

替代鱼类：蝎子鱼、石斑鱼

268页　270页　276页

罗勒香煎红鲻鱼
Triglia di scoglio al basilico

将芦笋切成细长条，放入沸水中焯 30 秒，沥干水分，用冷水冲洗。在煎锅或长柄平底锅中，放入 45 毫升橄榄油和蒜，加热。当蒜开始变色的时候，把蒜挑出来扔掉。将芦笋、番茄和西葫芦倒入锅中，加盐和胡椒调味，翻炒 10 分钟。同时，用手把罗勒叶压在鱼片的表面，用盐和胡椒调味，然后放入面粉中裹上一层面。在煎锅或长柄平底锅中，加热 65 毫升橄榄油，用于煎鱼。鱼皮那面朝下，煎 3 分钟，之后翻面再煎 1 分钟。把煎好的鱼放在厨房用纸上吸干油脂。把蔬菜均匀地摆在上菜用的盘子里，然后把鱼放在蔬菜上。淋上橄榄油，上桌。

食材分量：4 人份
准备时长：20 分钟 +15 分钟腌制
烹饪时长：20 ~ 30 分钟

3 个橙子
150 毫升橄榄油
12 条 100 克的红鲻鱼，去鳞，清理干净
3 棵春葱，切碎末
2 撮茴香籽
15 克碎欧芹
盐和胡椒

替代鱼类：乌鲻鱼、大西洋鳕鱼

268页   270页   276页

煎红鲻鱼配橙子沙拉
Triglia all'arancia

把 1 个橙子榨汁，将橙汁倒入罐子中，加入橄榄油搅拌。调
好之后，把一半油汁倒入盘中，放入鱼，腌制 15 分钟。同时，
将剩下的橙子剥皮，去掉果髓，切成薄片。把切好的橙子片
放到沙拉碗里，放入春葱，用盐和胡椒调味。淋上剩余的油汁，
轻轻搅拌，放在一旁备用。在平底煎锅中铺好锡箔纸。沥干鱼，
将鱼放入锅中，鱼皮那面朝下，用盐和胡椒调味，撒上茴香籽。
煎 3 分钟，然后翻过来再煎 1 分钟。将鱼挪到上菜用的盘子里，
撒上欧芹。先把鱼端上桌，沙拉随后上桌。

见右页配图

食材分量：4 人份
准备时长：15 分钟
烹饪时长：30 分钟

橄榄油
6 片厚面包片
2 条 500 克的红鲻鱼，去鳞，清理干净
150 克番茄，去皮切丁
1 颗蒜瓣，切碎
1 个洋葱，切碎
6 ~ 8 片嫩芹菜叶
100 毫升干白葡萄酒
盐和胡椒

替代鱼类：海鲈鱼、海鲷鱼

 268页

烤红鲻鱼配番茄吐司
Crostino di triglia

预热烤箱至 200 摄氏度。在烤盘里刷上一层橄榄油，把面包片铺在盘子上，再把鱼放在上面。在鱼上撒上番茄、蒜、洋葱和芹菜叶，用盐和胡椒调味，淋上 60 毫升橄榄油和葡萄酒。将鱼放入烤箱中，烘烤约 30 分钟。从烤箱中取出，静置 5 分钟，直接上桌。

见左页配图

食材分量：6 人份
准备时长：30 分钟
烹饪时长：1 小时 30 分钟

黄油
400 克鱼片，可用大西洋鳕鱼、无须鳕或金枪鱼
400 克土豆
200 毫升双倍奶油
2 个蛋黄
45 克刺山柑，洗净
3 个煮鸡蛋，切片
盐和胡椒

替代鱼类：三文鱼

 268页 270页 276页

香烤鱼饼
Gâteau di pesce alla casalinga

预热烤盘至 180 摄氏度，在烤盘上刷上黄油。把鱼片、土豆、奶油放入料理机打碎搅拌，直到食材彻底融合。在搅拌的同时，放入蛋黄，然后放入刺山柑，用盐和胡椒调味。把一半搅拌好的食材放入烤盘，整理表面。把切好的煮鸡蛋盖到搅拌好的食材上，然后把剩下的搅拌好的食材舀在上面，再次整理表面。用锡箔纸紧紧封好。将烤盘放入更大的烤盘，倒入沸水，没过小烤盘的一半。放入烤箱烤 1.5 小时。烤完后，从烤箱中取出烤盘，冷却。这是一道美味的开胃菜，适合配吐司吃。

食材分量：8 人份
准备时长：30 分钟
烹饪时长：1 小时

2.5 千克混合鱼及海鲜（几片鮟鱇、1 条康
吉鳗或淡水鳗鱼、几条鱿鱼或墨鱼），清理
干净，可切成大块
500 克贻贝，搓洗干净
175 毫升橄榄油
1 个洋葱，切碎
1 根新鲜欧芹，切碎
2 颗蒜瓣，切碎
1 个新鲜小辣椒，去籽切碎
500 毫升红或白葡萄酒
300 克番茄，去皮去籽，切碎
1 升鱼汤（见下文）
盐和胡椒
抹上蒜末的吐司

268页　　270页　　280页　　282页

红烩海鲜汤
Cacciucco

这道菜是来自意大利西北部利沃诺的经典鱼汤。在防火砂锅
中加热油，加入洋葱、欧芹、蒜和辣椒，用盐和胡椒调味，
小火翻炒约 10 分钟，直到洋葱变成金黄色。加入葡萄酒，
煮 10 分钟，然后放入番茄，再煮 10 分钟。先放入肉质较紧
致的鱼（例如鳗鱼和鮟鱇），倒入鱼汤，大火炖 10 分钟。
随后陆续放入肉质比较娇嫩的鱼，最后放入贻贝（丢掉那些
裂壳、用力碰一下壳没有合上的贻贝），煨 30 分钟。配上
抹上蒜末的吐司，一起上桌。

见右页配图

食材分量：4 ~ 6 人份
准备时长：10 分钟
烹饪时长：1 小时

1 根新鲜欧芹
1 根新鲜的百里香
1 个洋葱，切碎
1 根胡萝卜，切片
1 根芹菜，切片
15 克黑花椒，稍碾碎
1 千克白鱼或白鱼的头和骨头，
去掉鱼鳃
盐

268页

鱼汤
Brodo di pesce

将 2 升水倒入大炖锅，加入欧芹、百里香、洋葱、胡
萝卜、芹菜和花椒，用盐调味。慢慢烧开，然后转小火，
煨 30 分钟。把锅从火上移开，待其冷却，加入鱼。
放回火上煮沸，然后转小火，煨 20 分钟。把锅从火
上移开，让鱼在鱼汤里冷却，从而加强味道。如果只
用鱼头和骨头，直接加入香草和蔬菜，炖 30 分钟，
稍微冷却之后，过滤鱼汤。

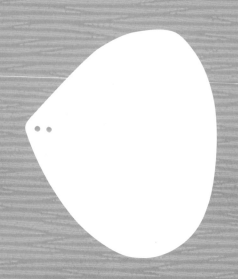

多宝鱼
第 73 页，食谱见第 76~83 页

鳐鱼
第 74 页，食谱见第 84~86 页

龙利鱼
第 75 页，食谱见第 86~93 页

扁形白鱼

FLAT WHITE FISH

扁形白鱼在幼年期的体形并不扁平，但在生长过程中，它们的双眼会移到朝上的同一侧鱼身。鱼身的颜色也会发生变化：朝下的一侧会逐渐变成与海床颜色一致的保护色，而朝上的一侧会保持原有的珍珠白色，这种颜色可以更好地与日光融为一体，避免被下方的捕食者发现。

与圆形白鱼类似，扁形白鱼也有紧实的白色鱼肉，它们的肝脏也含有丰富的油脂，而且鱼身较薄——不过有部分龙利鱼和多宝鱼肉比较多。这里我们将鳐鱼也归于扁平鱼类，它们的鱼肉也是白色且偏薄的，只是质地比较松散。鳐鱼属于软骨鱼的一类，即它们全身的骨骼均由软骨组成。

体形较小的扁形白鱼，通常会被拆成上下两侧鱼肉，并分别被对半切开，形成四块鱼肉。体形较大的扁形白鱼，通常会被切成带骨的鱼排，它们可以去皮切片用于翻炒和清炖，或者直接用来做煎鱼排。

一般而言，扁形白鱼在捕捞上来一天左右，并严格保持冰鲜状态时是最好吃的。因为这时鱼肉的风味会产生一些变化，鱼肉的质地也会变得更紧实。

多宝鱼

意大利语名：Rombo
学名：比目鱼（Psetta axima）

平均重量：500 克～8 千克
平均尺寸：20～35 厘米

相关食谱：第 76～83 页

这种鱼的意大利语名的意思是菱形——取自这种鱼的体形。意大利人将菱鲆和多宝鱼都称为"rombo"，不过他们更喜欢吃前一种鱼。多宝鱼的上表面布满斑点，与白色的底部形成鲜明的对比。

为了满足市场的需求，多宝鱼在欧洲被大规模养殖，而菱鲆只能在野外捕捞。体形较小的养殖多宝鱼一般是整条出售的，而较大的多宝鱼通常会被去皮切片出售，或被切成带骨的鱼块。

多宝鱼的鱼肉雪白鲜甜，而菱鲆带有一种细腻的鲜味，它们特别适合用来香煎，或者用黄油或橄榄油来清炖，最后挤上一点柠檬汁。意大利人则喜欢先给鱼肉裹上面粉再放进锅里煎熟，并配上用白葡萄酒、凤尾鱼和番茄调制而成的传统酱汁。因为与菱鲆相比，多宝鱼的鱼肉更多，而且肉质更紧实，所以它适合的烹饪方式更多，比如烤和炒。多宝鱼的可替代鱼类包括龙利鱼、海鲂鱼、大比目鱼，以及比较少见的帆鳞鲆。

鳐鱼

意大利语名：Razza
学名：鳐科（*Rajidae*）

平均重量：300 克～2 千克
平均尺寸：50～90 厘米

相关食谱：第 84～86 页

鳐鱼遍布全球各大海洋，这是一种长得像风筝一样的软骨扁平鱼，有一条细长的尾巴。不同种类的鳐鱼的颜色差异很大，但它们的味道和口感大致相同。鳐鱼肉很特别，一眼就能认出来，因为从软骨上拆下来的鳐鱼肉会呈长条状。味道带有一点泥土味，十分独特，让人难忘。

我们很难在鱼店看到整条鳐鱼，这是因为鳐鱼只有鱼鳍和脸颊是可以吃的。另外它的鱼皮比较难去除，所以最好还是让鱼店帮你去皮。挑选鳐鱼时，不要挑闻起来带氨味的鱼肉，因为这表明鱼肉不够新鲜。

鳐鱼的鱼鳍和脸颊可以用来清炖、油炸、烤，或者可以先用锡箔纸将鱼块包裹起来再烹饪。大块的鱼鳍口感浓厚，在烹饪时一般会完整保留其中的软骨，清炖 12 分钟左右就能恰好做熟。鳐鱼肉的传统搭配是酸豆、柠檬和黑黄油（低温制成的深棕色黄油）。在意大利，鳐鱼通常会搭配番茄酱，或者用黄油煎熟后搭配凤尾鱼酱食用。由于鳐鱼肉的质感独特，所以比较难以替代，不过可以尝试用狗鲨和鮟鱇作为替代食材。

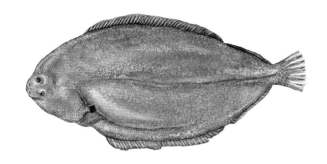

龙利鱼

意大利语名：Sogliola
学名：欧洲鳎（*Solea solea*）

平均重量：150 克 ~ 1 千克
平均尺寸：24 ~ 40 厘米

相关食谱：第 86 ~ 93 页

龙利鱼外观呈巧克力棕色，粗糙的皮肤上分布着不太明显的斑点。龙利鱼在英国被称为多佛鳎鱼（以它们通常被捕捞上岸的港口命名）。这种鱼以其浓厚的口感和鲜甜的味道而深受欧洲民众的喜爱。很多种类的龙利鱼都能在世界各地找到。

龙利鱼最好吃的时候一般在被捕捞上岸的几天后，因为这时鱼肉的风味会变得更好，而且去皮也变得容易许多。你可以要求鱼店帮忙去鳍、去皮和拆骨，但龙利鱼在出售和烹饪的时候一般都是带骨的，因为它们的鱼肉比较细长。不过最好还是让鱼店先去掉鱼头、鱼鳍和血线，方便后续的去皮和烹饪。

龙利鱼可以用来香煎、烤。烹饪之前先在去皮鱼肉上抹一点融化黄油或食用油，可以避免鱼肉变干。你也可以使用调味黄油，比如大管家黄油或凤尾鱼黄油，来提升龙利鱼的风味和层次。龙利鱼是可以不去皮烹饪的，因为鱼皮在做熟之后很容易脱落。龙利鱼在意大利不同地区有不同的名字，比如它在威尼托的名字是"sfogi"，但在亚得里亚海沿岸的名字是"sfoglie"。龙利鱼适用来做意大利烩饭，比如龙利鱼藏红花烩饭。清爽的龙利鱼沙拉也很美味。龙利鱼可以用柠檬鲽、多宝鱼来代替。

食材分量：6 人份
准备时长：20 分钟
烹饪时长：20 分钟

250 克白蘑菇，切片
6 个小洋蓟，切片
2 个柠檬，榨汁滤净
70 毫升橄榄油
1.2 千克多宝鱼片
7.5 克咖喱粉
120 毫升鱼汤（见第 68 页）
50 克黄油
盐和胡椒

替代鱼类：菱鲆、大比目鱼

268页   272页

咖喱烤多宝鱼配蘑菇洋蓟
Rombo saltato con funghi e carciofi

预热烤箱至 200 摄氏度。将蘑菇和洋蓟放入碗中，加入柠檬汁搅拌，然后用保鲜膜封好。把咖喱粉撒在鱼上，揉进鱼里。用盐和胡椒调味。在防火砂锅中用中火加热 35 毫升橄榄油，煎鱼的两侧约 1 分钟，直到每侧变成棕色。将砂锅放入烤箱，掀开锅盖，烤 5 分钟。把鱼从砂锅中捞出来，去皮。把鱼放在上菜的盘子上，保温备用。

把鱼汤倒入砂锅中加热，搅拌均匀，然后把锅端走，加入黄油搅拌。在煎锅或长柄平底锅中，加热剩下的橄榄油。把蘑菇和洋蓟沥干水分，放入锅中，轻轻翻炒约 10 分钟，直到微微变棕色。将蔬菜和汤汁倒在鱼上，立即上菜。

见右页配图

食材分量：6 人份
准备时长：15 分钟
烹饪时长：45 分钟

150 克肥瘦相间的培根
1.2 千克多宝鱼片
橄榄油
750 克洋葱，切薄片
30 克白砂糖
45 毫升白葡萄酒醋
45 毫升红酒醋
30 毫升雪利酒醋
15 毫升鲜榨橙汁
盐和胡椒

替代鱼类：海鲂鱼、石斑鱼

268页   272页

香煎多宝鱼片配洋葱酱
Filetto di rombo alla confettura di cipolle

在炖锅中加热 45 毫升橄榄油，放入洋葱，用大火翻炒 15 分钟。撒上糖，转小火，继续翻炒 15 分钟。用盐和胡椒调味，然后加入白葡萄酒醋和红酒醋，把锅里的食材搅拌均匀。洋葱变成金黄色后，再煮 5 分钟，然后熄火保温。

用餐刀的刀背把培根拉伸一下，然后包起鱼片，用鸡尾酒棒固定住。将 30 毫升橄榄油放入不粘锅中加热，放入鱼片，每一面再煎 1 ~ 2 分钟，然后淋上雪利酒醋，继续煮 10 分钟。在上菜的盘子上铺好洋葱酱，把鱼片放在上面，淋上橄榄油和橙汁即可上桌。

食材分量：6 人份
准备时长：40 分钟
烹饪时长：20 分钟

37.5 克无核小葡萄干或金葡萄干
1 条 2 千克的多宝鱼，切片
300 毫升鱼汤（见第 68 页）
60 毫升橄榄油
400 克洋葱，切非常薄的片
175 毫升干白葡萄酒
100 毫升白葡萄酒醋
一大撮藏红花丝，碾碎
100 克去皮杏仁，捣碎
盐和胡椒

替代鱼类：菱鲆、大比目鱼

268页 272页

藏红花、杏仁、红酒炖多宝鱼
Rombo in bottaggio

将葡萄干放到碗中，加足够的水没过葡萄干，浸泡 20 分钟，然后沥干水分。在大煎锅或长柄平底锅中加热橄榄油，加入洋葱，开小火偶尔翻炒约 5 分钟，直到洋葱变得半透明。倒入葡萄酒、醋和 250 毫升鱼汤，完全盖过洋葱，煮 20 分钟，直到洋葱变软。同时，把藏红花和剩余的鱼汤在小碗中混合。洋葱变软后，放入藏红花、杏仁和沥干水分的葡萄干，不断搅拌，直到收汁。将鱼片放入锅中，煮约 5 分钟，然后用盐和胡椒调味，即可食用。

见左页配图

食材分量：6 人份
准备时长：20 分钟
烹饪时长：16 分钟

90 毫升橄榄油
1.5 千克多宝鱼片
6 个小西葫芦，切块
少量藏红花丝，稍微碾碎
2 个大红洋葱，切块
15 克番茄泥
1 颗蒜瓣，去皮
盐和胡椒

替代鱼类：菱鲆、大比目鱼

268页 272页

煎多宝鱼配西葫芦红洋葱酱
Rombo alle zucchine e sugo di cipolle di tropea

在炖锅中热 30 毫升橄榄油，放入西葫芦，撒上少许盐，煎几分钟，把锅从火上移开。将藏红花放入一个小碗，加 30 毫升水浸泡。在另一个炖锅中加热 30 毫升橄榄油，加入洋葱，小火炒 5 分钟，直到洋葱变得半透明。放入藏红花水、番茄泥和 175 毫升水，用盐和胡椒调味，小火煮 10 分钟。注意不需要等洋葱变得金黄之后再关火。

将剩余的橄榄油和蒜放入不粘锅或长柄平底锅中。蒜开始变色的时候，把它挑出来扔掉。放入鱼片，每一面煎 3 分钟，然后从锅中盛出。去掉鱼皮，用少量盐调味，配上西葫芦和洋葱，一起上桌。

食材分量：6 人份
准备时长：1 小时 15 分钟
烹饪时长：25 ~ 30 分钟

175 毫升橄榄油
1 条 2 干克的多宝鱼，清理干净，切片
2 个红葱头，切碎
250 克小扁豆
50 克培根，切块
175 毫升干白葡萄酒
250 毫升鱼汤（见第 68 页）
3 片月桂叶
少量咖喱粉
40 克黄油，切成小块
1 根马郁兰，切碎
盐

替代鱼类：海鲂鱼、菱鲆、大比目鱼、石斑鱼

268页   272页

烘烤多宝鱼配小扁豆泥
Rombo al forno con sugo di lenticchie

将小扁豆和 1 片月桂叶放入炖锅中，倒入足量的水，盖上锅盖烧开，然后转小火，煨 30 ~ 45 分钟，直到食材变软。把月桂叶丢掉。在炖锅中热 30 毫升的橄榄油，放入半个红葱头，然后放入培根、1 片月桂叶，小火快速搅拌 5 分钟。放入小扁豆、60 毫升葡萄酒、75 毫升鱼汤，煨 5 分钟。从火上把锅移开，将准备好的食材倒入料理机，搅拌成泥状，然后倒入干净的炖锅。

预热烤箱至 180 摄氏度。在烤盘中加热剩余的橄榄油、鱼汤、葡萄酒、月桂叶和红葱头。用盐给鱼片调味，然后把鱼放到烤盘中，烘烤 15 分钟。把烤盘从烤箱中拿出来，把鱼放到上菜的盘子里，保温备用。将烤盘中剩余的汤汁滤到一个碗里，倒入咖喱粉搅拌。把它混入小扁豆泥中，加热，慢慢加入黄油搅拌。在鱼上撒上马郁兰，配上扁豆泥，即可上桌。

食材分量：6 人份
准备时长：1 小时 15 分钟
烹饪时长：40 分钟

1 条 1.2 千克的多宝鱼，去皮
橄榄油
30 克碎欧芹
盐和胡椒

酱汁：
450 克蛤蜊
60 毫升橄榄油
150 毫升干白葡萄酒
1 颗蒜瓣，去皮
1 个红葱头，切碎
150 克土豆块
1 个番茄，去皮切块
150 毫升鱼汤（见第 68 页）
少量藏红花丝，稍微碾碎
80 克黄油
少量干辣椒片
盐和胡椒

替代鱼类：海鲂鱼、大西洋鳕鱼

268页   272页   280页

烤多宝鱼片配藏红花蛤蜊酱
Rombo allo zafferano con sughetto di vongole

先做酱汁。把蛤蜊彻底洗干净，丢掉已经坏掉的或者用力敲过壳没有合上的。把它们放到煎锅或者长柄平底锅中，倒入橄榄油、100 毫升葡萄酒和蒜。大火煮若干分钟，直到蛤蜊的壳打开。把锅从火上移开，冷却备用。把蛤蜊肉剥出来，壳丢掉。把汤汁滤到碗里备用。在炖锅中加热剩下的油，放入红葱头，小火轻炒 7 ~ 8 分钟。红葱头变金黄色后，倒入土豆和番茄，淋上剩下的葡萄酒，继续煮，直到酒精蒸发。倒入鱼汤和刚刚留下的汤汁，烧开后再煮 10 分钟，直到土豆变软。同时，把藏红花放入小碗中，加 30 毫升水，浸泡备用。

把土豆倒入料理机或搅拌机，打成泥。把土豆泥倒入锅中，搅拌均匀。放入蛤蜊，用盐和胡椒调味，再放入黄油，用手持搅拌机搅拌，直到所有食材变得松软。放入藏红花和干辣椒片，藏红花蛤蜊酱就完成了。

预热烤箱至 180 摄氏度。用盐和胡椒给鱼片调味。给烤盘刷上橄榄油，放上鱼片，在烤箱中烤 7 分钟。把烤盘从烤箱中取出，将鱼放在上菜的盘子上，倒好酱汁。撒上欧芹，立刻上菜。

食材分量：6 人份
准备时长：40 分钟
烹饪时长：20 分钟

橄榄油
1.2 千克多宝鱼片
1 个红葱头，切碎
300 克土豆，去皮切块
300 毫升鱼汤（见第 68 页）
1 颗蒜瓣，去皮
200 毫升干白葡萄酒
普通面粉
500 克煮熟的青豆
盐和胡椒

青酱：
100 毫升橄榄油
4 个红葱头，切碎
80 克松子仁
50 克核桃仁
50 克粗切的新鲜罗勒叶
50 克粗切的碎欧芹
粗盐
1 块冰块

替代鱼类：海鲂鱼、大比目鱼、菱鲆

268页　272页

香煎多宝鱼配青酱
Filetti di rombo al pesto

先做意式青酱。在小炖锅中放入 15 毫升橄榄油、红葱头，小火轻炒 5 分钟，使葱头变软。加入 30 毫升水，煨 10 分钟。把松子、核桃、小炖锅中的红葱头倒入料理机中搅拌，然后放入冰块、罗勒、欧芹和粗盐，再次搅拌。搅拌好后，放在一旁备用。

将 30 毫升橄榄油倒入炖锅加热，放入红葱头，用小火轻炒 5 分钟。倒入土豆块翻炒，倒入鱼汤。煮沸后，再煮 15～20 分钟，直到土豆变软而不碎。把锅从火上拿开，沥干水分，用薯泥加工器或土豆捣碎器捣烂。将土豆泥倒回炖锅中，开小火，放入青酱。

在煎锅或长柄平底锅中加热 15 毫升橄榄油和蒜瓣。蒜瓣开始变得金黄的时候，挑出来扔掉。把面粉撒在鱼片上，用盐和胡椒调味，放入锅中，每一面煎 1～2 分钟。倒入葡萄酒，再煮 10 分钟。淋上一点橄榄油。配上青酱口味的土豆泥和煮熟的青豆，即可上桌。

见右页配图

食材分量：4 人份
准备时长：20 分钟
烹饪时长：15 分钟

90 毫升橄榄油
600 克鳐鱼翅
30 克罗勒碎末
30 克细香葱碎末
30 克刺山柑碎末
30 克欧芹碎末
1 颗蒜瓣，切成碎末
半个柠檬的皮，切碎
1 个柠檬，榨汁滤净
普通面粉
盐和胡椒

替代鱼类：大西洋鳕鱼、无须鳕

 268页

香煎鳐鱼佐香草酱
Razza in salsina verde alle erbe

将罗勒、细香葱、刺山柑、欧芹、蒜、柠檬皮和柠檬汁放入碗中。放入一半橄榄油，用盐和胡椒调味。在煎锅或长柄平底锅中，加热剩余的橄榄油。在鳐鱼翅上撒一些面粉，再放上盐和胡椒调味，把鱼翅放入锅中。每面煎 4 ~ 5 分钟，直到鱼肉变得雪白，并且开始脱离软骨。将准备好的香草调味汁倒在鱼上，用小火再加热几分钟，把鱼盛到上菜用的盘子里。立即上桌。

见左页配图

食材分量：6 人份
准备时长：40 分钟 + 冷却
烹饪时长：15 分钟

6 块 150 克鳐鱼翅
80 克黄油
30 克芥末

蔬菜汤：
1 个洋葱，粗切
2 根胡萝卜，粗切
1 把混合香草
12 粒黑花椒
5 克盐
300 毫升干白葡萄酒
75 毫升白葡萄酒醋

替代鱼类：多宝鱼、大西洋鳕鱼

 268页

清炖鳐鱼佐芥末酱
Razza alla senape

首先，炖一锅蔬菜汤。把洋葱、胡萝卜、香草、花椒、盐、葡萄酒和醋放入大炖锅中，加入 1.2 升水烧开。转小火，煨 20 分钟，然后把锅从火上拿开，冷却备用。把鳐鱼翅放在大炖锅中，冷却的蔬菜汤过滤后倒入锅中，煮沸。把火调小，慢慢煮约 15 分钟。同时，在放着热水的炖锅或微波炉中，放一个耐热的盘子，化开黄油。用锅铲把鱼盛出来，用厨房用纸吸收水分。如果鳐鱼翅没有完全被去皮，小心地清除黑色的鱼皮。把 30 克芥末平均放在 6 个加热过的盘子上，然后放上鳐鱼翅，淋上融化的黄油。这道菜适合与生番茄和撒上新鲜欧芹的土豆沙拉一起食用。

食材分量：4 人份
准备时长：15 分钟
烹饪时长：20 分钟

600 克鳐鱼翅
1.5 升鱼汤（见第 68 页）
80 克黄油
150 毫升红酒醋
30 克刺山柑，冲洗干净
30 克碎欧芹

替代鱼类：海鲂鱼、大比目鱼

 268页

煎鳐鱼翅配黄油和刺山柑
Razza fritta al burro e capperi

把鳐鱼翅切成较大的鱼块，放在大炖锅里，倒入鱼汤。煮开后，转小火，直到汤汁的表面不再晃动，继续炖 15 分钟。用锅铲把鱼从汤中捞出来，剥下并丢掉鱼皮。

在煎锅或长柄平底锅中融化黄油。黄油变成金黄色之后，放入鳐鱼翅，煎几秒钟，然后翻过来，淋上醋。醋一沸腾，就把锅从火上端下来。把鱼盛到一个加热过的盘子里，撒上刺山柑和欧芹，立刻上桌。

见右页配图

食材分量：4 人份
准备时长：20 分钟
烹饪时长：25 分钟

橄榄油
650 克龙利鱼片，彻底剁碎
60 毫升冰水
5 克糖
45 克玉米淀粉
普通面粉
盐

替代鱼类：多宝鱼、菱鲆

 268页 272页

酥炸龙利鱼饼
Polpette di sogliola

在一个小碗中加入玉米淀粉和少量的水，混合成糊状。将鱼、冰水、糖、玉米淀粉糊、少量盐放入碗中。把调好的混合物捏成 8 个鱼饼，轻轻地撒上面粉。在煎锅或长柄平底锅中加热大量橄榄油，放入鱼饼，炸 15 分钟或炸到表面金黄。

同时，预热烤箱至 200 摄氏度，用耐油的蜡纸铺好烤盘。用漏勺捞出炸好的鱼饼，用厨房用纸吸干油脂，然后放到准备好的烤盘上，放到烤箱烤 10 分钟让其变脆。做好之后，立即上桌。

食材分量：4 人份
准备时长：15 分钟
烹饪时长：10 分钟

16 片龙利鱼片，去皮
25 克黄油
60 毫升橄榄油
5 克第戎芥末
1 个柠檬的皮和汁
10 克香菜籽，粗粗碾碎
15 克碎香菜
40 克去皮杏仁，先烤后切
普通面粉
盐和胡椒

替代鱼类：多宝鱼

268页　272页

香煎龙利鱼
Filetti di sogliola delizia

在鱼片上轻轻地撒上面粉，抖去多余的面粉。在煎锅或长柄平底锅中，加入 15 毫升橄榄油融化黄油，放入龙利鱼片，每一面煎 2 分钟。用盐和胡椒调味，然后把锅从火上拿开，把鱼盛到上菜的盘子里，保温。把剩余的橄榄油、芥末、柠檬皮和柠檬汁、香菜籽、碎香菜和杏仁在碗中搅拌，直到它们完全调匀，然后倒入锅中，加热若干分钟。把酱汁倒在鱼上，立即上桌。

见左页配图

食材分量：4 人份
准备时长：20 分钟
烹饪时长：15 分钟

黄油
4 条 200 克的龙利鱼，去鳞去皮
1 个红葱头，切碎
30 克碎欧芹
15 克碎百里香
1 片月桂叶
300 毫升干白葡萄酒
60 克普通面粉
30 毫升双倍奶油
盐和胡椒

替代鱼类：多宝鱼、无须鳕

268页　272页

白葡萄酒酱汁煨龙利鱼
Sogliole al vino bianco

预热烤箱至 180 摄氏度，在烤盘中刷上黄油，把鱼铺在上面。用盐和胡椒调味，在鱼的间隙填满红葱头。融化 25 克黄油，刷在鱼上。再撒上欧芹和百里香，放入月桂叶，然后倒入足量的葡萄酒，淹过鱼。放入烤箱烤 10 分钟，直到肉质变得松软，容易掉落。把 25 克黄油放入碗中，倒入面粉，用叉子搅拌成平滑的面糊。从烤箱中取出盘子，用锅铲把鱼盛在上菜的盘子中。把烤盘中的汤汁滤到一个小炖锅中，开小火慢炖。缓缓倒入面糊并搅拌，每次搅动一小块，从而确保每一块都已彻底搅匀。加入奶油，再加热 1 分钟。把酱汁浇在鱼上，即可上菜。

食材分量：4 人份
准备时长：15 分钟
烹饪时长：35 分钟

60 毫升橄榄油
4 条龙利鱼，去皮切片
1 颗蒜瓣，去皮
2 个番茄，去皮去籽，切块
1 个洋葱，切薄片
200 毫升干白葡萄酒
1.2 升鱼汤（见第 68 页）
少量藏红花丝，稍微碾碎
30 克碎欧芹
320 克意式烩饭米
盐和胡椒

替代鱼类：菱鲆、大西洋鳕鱼

268页   272页

龙利鱼藏红花烩饭
Risotto allo zafferano e filetti di sogliola

在煎锅或长柄平底锅中放入 30 毫升橄榄油和蒜瓣并加热。当蒜开始变色的时候，挑出来丢掉。放入龙利鱼片，淋上一半的葡萄酒，煮至酒精蒸发，然后放入番茄，再煮 10 分钟。同时，在炖锅中倒入鱼汤，烧开，然后把火调小，继续小火慢煨。鱼煮熟之后，用盐和胡椒调味，把锅从火上移开，保温备用。将一勺热鱼汤倒入耐热的碗中，混入藏红花，搅拌均匀备用。

在防火砂锅中加热剩余的橄榄油，放入洋葱，小火轻炒 5 分钟，直到洋葱变软。放入米搅拌 1～2 分钟，直到所有米粒都裹上一层油。倒入剩余的葡萄酒，继续煮、搅拌，直到酒被完全吸收。然后加入一勺热鱼汤，继续搅拌，使鱼汤完全被吸收。重复加入鱼汤的过程。鱼汤加入一半分量的时候，加入调好的藏红花汁。当米粒又软又滑的时候，把砂锅从火上移开，用勺子盛到上菜的盘子里。把龙利鱼片放在上面，用勺子浇上煎鱼汁。撒上欧芹，立即上桌。

见右页配图

食材分量：4 人份

准备时长：40 分钟 +2 小时冷却

60 ~ 75 毫升橄榄油

8 片龙利鱼片，去皮

2 个柠檬，榨汁滤净

2 个青甜椒，切半去籽，切块

1 个黄甜椒，切半去籽，切块

1 根胡萝卜，切薄片

1 根黄瓜，切丝

2 个番茄，去皮去籽，切块

15 毫升迷迭香，切碎

15 毫升白葡萄酒醋

盐和胡椒

替代鱼类：扇贝、海鲈鱼

 268页   272页

龙利鱼沙拉
Filetti di sogliole insalata

将鱼片放入非金属盘子中，倒入柠檬汁，用保鲜膜封好，放入冰箱冷藏 2 小时。

把甜椒、胡萝卜、黄瓜和番茄放到沙拉碗里。把橄榄油、迷迭香和醋放到小碗里，用盐和胡椒调味，然后把调味汁倒在沙拉上。沥干鱼块，放入沙拉，搅拌均匀。用盐调味后上桌。

见左页配图

鲱鱼
第 97 页，食谱见第 106~110 页

凤尾鱼
第 98 页，食谱见第 110~115 页

鳗鱼
第 99 页，食谱见第 116~119 页

银鱼
第 100 页，食谱见第 120~123 页

箭鱼
第 101 页，食谱见第 123~126 页

三文鱼
第 102 页，食谱见第 127~136 页

沙丁鱼
第 103 页，食谱见第 136~143 页

鲭鱼
第 104 页，食谱见第 143~147 页

金枪鱼
第 105 页，食谱见第 147~153 页

其他鱼类
食谱见第 154~159 页

油性鱼

OILY FISH

油性鱼的体内含有人体必需的脂肪酸，以及对健康有益的脂溶性维生素。大多数种类的油性鱼都生活在开阔的海洋中，而且一般会成群结队地游动。这类鱼通常会被一次性大量捕捞，为了不浪费这些渔获，人们想出了很多储存油性鱼的方法。

跟在冰鲜状态下可以保存一段时间的白鱼不一样，油性鱼非常容易腐坏，所以这类鱼最好是在捕捞上岸后的数小时内即烹饪食用。三文鱼和鲱鱼这类油性鱼的脂肪含量要低于肉类和禽类。在白鱼和油性鱼之间选择时，请记得白鱼的营养价值通常要低于油性鱼。

所有油性鱼的肉质都比较松散，很容易在烹饪时碎掉，所以在烹饪时要尽可能少翻动鱼肉。

鲱鱼

意大利语名：Aringhe
学名：鲱科（*Clupeidae*）

平均重量：200 ~ 400 克
平均尺寸：20 ~ 40 厘米

相关食谱：第 106 ~ 110 页

鲱鱼是一种密集群体活动的鱼类，盛产于北欧海域，同时鲱鱼捕捞也是美国和加拿大太平洋沿岸地区的重要产业。新鲜的鲱鱼体表呈明亮的银色，背部泛蓝绿金属色，鳞片较大，比较容易剥落。鲱鱼活动的季节性很强：英国的鲱鱼收获季为 10 ~ 12 月，但美国的鲱鱼一般在夏季捕捞。很大一部分捕捞上来的鲱鱼会被用作捕捞其他鱼类的鱼饵。河鲱是鲱科的另一种，其口味、做法与鲱鱼别无二致，只是河鲱的体表颜色更深，而且会在河流中繁殖。由于长时间的大规模拖网捕鱼，很多河鲱被意外捕捞，导致河鲱目前在美国的种群数量锐减。

鲱鱼和河鲱都是富含油脂的鱼类，鱼肉口感细腻。被奉若珍宝的鲱鱼子一般会单独出售。在处理新鲜鲱鱼时，需要先去掉鱼皮和鱼头，然后把两侧鱼肉撑开，这样不会破坏宝贵的鱼子。在烹饪之前一定要先去掉血线和带苦味的鱼鳃。新鲜鲱鱼烹饪起来比较简单，可以煎也可以烤。

鲱鱼也会使用盐渍、烟熏、酸渍等方法加工食用，比如做成腌鲱鱼和酸渍鲱鱼卷这样的特色菜。在烹饪加工过的鲱鱼之前，需要先将其放在加醋的水中浸泡 4 小时来稀释盐分，然后在上面撒上大蒜、牛至和红辣椒。

在美国，鲱鱼通常会被做成罐头，并当成沙丁鱼来卖。沙丁鱼和鲭鱼可以很好地代替新鲜鲱鱼。

凤尾鱼

意大利语名：Acciughe
学名：欧洲鳀（*Engraulis encrasicolus*）

平均重量：10 ~ 50 克
平均尺寸：10 ~ 15cm

相关食谱：第 110 ~ 115 页

新鲜凤尾鱼的外观十分美丽，背部呈深蓝色，腹部呈亮银色。凤尾鱼是沙丁鱼和鲱鱼的近亲，它的体形只有手指大小，一般群聚生活于较为温暖的水域，比如印度洋和太平洋。在原产地以外的地方，新鲜凤尾鱼只有在 6 ~ 10 月能偶尔买得到。

由于凤尾鱼体内油脂丰富，肉质脆弱，所以它们很容易变质，不易储存运输。因此人们通常会将新鲜凤尾鱼做成罐头或进行其他加工处理。意大利人比较喜欢用盐腌制整条凤尾鱼，这种凤尾鱼可以用油浸的罐头凤尾鱼肉来代替。人们对凤尾鱼加工食品的喜爱引起了大规模的捕捞，现在有部分种群的凤尾鱼已经受到了生存威胁。

凤尾鱼可以用多种方式来处理加工：可以整条腌制，也可以拆出鱼肉做成油浸罐头。如果要给整条腌制的凤尾鱼拆肉，需要先切掉头部和尾部，用拇指抵住鱼的脊骨，然后把鱼身翻过来就能很容易地把骨头去掉。这种体形的鱼类的鳞片通常较大，可以用黄油刀刮掉鳞片。为了保持整洁，整个过程可以在流动的冷水下或一碗冰水中进行。清洗凤尾鱼时，用手指把脊骨扯下来，然后把鱼头拔掉，这样大部分的内脏都会被带走。接着把鱼肚撑开，把剩下的内脏清理干净，最后切掉尾部即可进行冲洗和晾干。

新鲜凤尾鱼可以用鼠尾草香煎，或者用白葡萄酒醋和盐浸泡数小时，然后沥干，用橄榄油、香草和柠檬腌制一整晚。

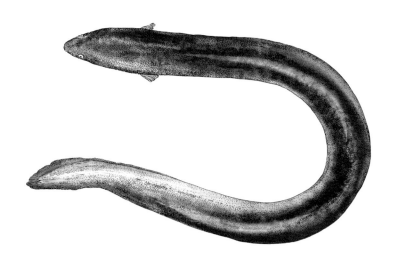

鳗鱼

意大利语名：Anguilla
学名：欧洲鳗鲡（*Anguilla anguilla*）

平均重量：225 克 ~ 1.6 千克
平均尺寸：30 ~ 90 厘米

相关食谱：第 116 ~ 119 页

鳗鱼的外形与蛇相似，拥有独特的质感和口味。海鳗的肉质比较紧密，味道类似猪肉。鳗鱼体内有大量细小的鱼刺，尤其是在尾部尖端的位置，这个部分特别适合用来做汤。淡水鳗鱼和海鳗种群目前都面临极大的生存危机，所以我们应该考虑使用替代食材。

烹饪用的鳗鱼最好是活宰（在烹饪之前用水养着），或者使用烟熏处理过的鳗鱼。有些食谱用的鳗鱼需要先去皮，最好让鱼店帮你处理。如果要自己去皮的话，可以用一把尖利的小刀在鱼头下面切出一个"T"，然后抓住两侧将整张皮剥下来。因为鳗鱼的体表比较滑，在处理时用毛巾辅助可以更好地抓住鱼身。鳗鱼可以在去掉内脏后切成小块，也可以用处理鮟鱇的方法切成两片。

鳗鱼的独特风味特别适合搭配味道浓烈的香草和香料，比如迷迭香、鼠尾草、辣椒和小茴香，也可以用鳗鱼配朝鲜蓟和鹅肝酱。一款经典意大利鳗鱼菜式是红酒炖鳗鱼。与鳗鱼口感相近的替代食材有虾、鮟鱇和狗鲨，淡水鱼的选择有鲤鱼和梭子鱼。

银鱼

意大利语名: Bianchetti
学名: 鲱科 (*Clupeidae*)

平均重量: 10 ~ 25 克
平均尺寸: 5 厘米

相关食谱: 第 120 ~ 123 页

银鱼是指部分鲱科鱼的幼年个体。银鱼一般会在河口区域被大量捕捞, 欧洲的银鱼收获季在 2 ~ 8 月。在美国, 银鱼一词指的是银河鱼或沙鳗, 这些鱼的烹饪方式与银鱼相似。由于银鱼都是未发育成熟的个体, 因此它们没有机会繁殖, 长期以来的过度捕捞让它们的生存受到了威胁。

虽然偶尔能买到新鲜的银鱼, 但大多数的银鱼会被冷藏销售。银鱼一般会用来香煎或者油炸, 搭配柠檬, 也可以用清水煮, 还可以用面粉或面糊包裹再油炸, 比如炸银鱼和香煎银鱼饼。

银鱼可以用同属鲱科的其他成熟鱼类替代, 比如鲱鱼、沙丁鱼。

箭鱼

意大利语名：Pesce Spada
学名：箭鱼（*Xiphias gladius*）

平均鱼段重量：1.5 ~ 4 千克
平均鱼块重量：150 ~ 250 克

相关食谱：第 122 ~ 126 页

箭鱼是一种活跃好斗的鱼类，最引人注目的是形如"长剑"的吻部，其背部呈黑色，腹部呈银色。全球比较温暖的海洋都有箭鱼生活的踪迹。箭鱼的售价较高，而且由于它的体形较大，所以一般会被切成鱼块来销售。这样的好处是买回来的鱼块已经没有骨头和鱼皮了，基本上不需要额外处理。你也可以买到烟熏的箭鱼。

箭鱼的肉质紧密，口感鲜甜细腻，适合用于烹饪多种不同的食谱，其中很多可以用新鲜金枪鱼来代替。新鲜箭鱼最好是用来烧烤和香煎——箭鱼块只需要每面煎 3 ~ 4 分钟即可。箭鱼特别适合搭配香气浓烈的香草，比如牛至和罗勒。欧芹酱也是一个不错的搭配选择，尤其是加上小黄瓜、大蒜和凤尾鱼。现代意大利料理会将箭鱼做成意式生鱼肉片；也有一些更具创意的菜式，比如百里香烤箭鱼配时蔬。

箭鱼的替代食材包括金枪鱼、狗鲨和琥珀鱼。

三文鱼

意大利语名: Salmone
学名: 大西洋鲑 (*Salmo salar*)

平均重量: 750 克 ~ 7 千克
平均尺寸: 40 ~ 80 厘米

相关食谱: 第 127 ~ 136 页

三文鱼是深受人们喜爱的鱼类。它们生活在海里，但是到了繁殖季节，会洄游到河流中产卵。野生三文鱼主要在大西洋的东部和西部进行捕捞，但是现在野生三文鱼已经非常稀少，而且售价高昂。不过在挪威、苏格兰和智利有规模巨大的三文鱼养殖产业，足以支持全球市场对三文鱼的需求。虽然三文鱼的原产地不在南半球，但位于澳大利亚东南的塔斯马尼亚岛也开展了三文鱼养殖业，现在三文鱼在澳大利亚和新西兰也大受欢迎。阿拉斯加三文鱼是可持续捕捞的野生三文鱼品种，从春季到秋季结束都能买到新鲜的阿拉斯加三文鱼。

三文鱼的皮肤呈闪亮的银色，上有黑色斑点。三文鱼肉呈鲜艳的粉橘色，口感细腻，富含油脂，是一种非常美味的鱼肉。你可以在鱼店买到整条洗净的三文鱼，或者被切成小块的鱼块，可能会带鱼皮。三文鱼在烹饪之前应该先去鳞，否则鳞片会粘在鱼肉上——你可以让鱼店先把鱼鳞处理好。如果是切成片的鱼肉，应该先把里面的鱼刺去掉。

新鲜三文鱼适合多种不同的烹饪方式，比如清炖、香煎和烤。三文鱼块只需要 8 ~ 10 分钟即可做熟，三文鱼尾部（因为没有鱼刺而特别受欢迎）则只需要烹饪 4 ~ 5 分钟。三文鱼可以生吃，比如做成鞑靼三文鱼。

三文鱼的替代食材包括鲑鳟和虹鳟，后者也拥有同样色彩鲜艳的鱼肉。北极红点鲑和银鱼也是可以替代的选择。

沙丁鱼

意大利语名：Sarde、Sardine
学名：沙丁鱼（*Sardina pilchardus*）

平均重量：50～150克
平均尺寸：11～20厘米

相关食谱：第136～143页

沙丁鱼的外观十分美丽，它们拥有墨绿色的背部和亮银色的腹部，是体形特别小的一种鲱科鱼类。沙丁鱼是南欧国家的重要经济鱼类。大规模捕捞一般在大西洋东部和地中海进行，收获季是春季和秋季。

沙丁鱼一般整条出售，但也可以让鱼店帮忙去鳞清理。沙丁鱼的鳞片比较容易去除，要用刀背或手指轻轻刮掉鳞片，因为沙丁鱼的皮比较脆弱，很容易被撕裂。在烹饪沙丁鱼的时候，可能需要先把鱼头和鱼骨去掉，具体的操作方法是从腹部切开鱼身，将有鱼皮的一面朝上展开，用拇指从上往下按压脊骨，然后翻过来把鱼骨去掉，最后清洗干净，用厨房用纸吸干水分备用。

沙丁鱼的常见做法是香煎或者烧烤——只需2～3分钟就熟了。橄榄油、罗勒、柠檬等传统地中海风味调料是沙丁鱼的绝佳搭配。经典美味的意式沙丁鱼菜式包括腌沙丁鱼配罗勒酱汁，以及简单的迷迭香炖沙丁鱼。

鲱鱼、鲭鱼都可以用作沙丁鱼的替代食材。

鲭鱼

意大利语名：Sgombro
学名：大西洋鲭鱼（*Scomber scombrus*）

平均重量：300 克 ~ 2 千克
平均尺寸：50 ~ 90 厘米

相关食谱：第 143 ~ 147 页

鲭鱼拥有像子弹一样的身体，腹部带有七彩的光泽。意大利人将其归为"蓝鳞鱼"的一种。跟金枪鱼类似，鲭鱼也在南欧和北欧的海域捕捞。美国新英格兰南部、中大西洋沿岸和缅因湾地区也会进行鲭鱼的商业捕捞。由于大规模拖网捕鱼会对鲭鱼的生存造成威胁，所以还是最好用垂钓的方式来捕获鲭鱼。鲭鱼在全年都有供应，但最好吃的时候是在夏季，而且最好避开在春季食用鲭鱼，因为这时鲭鱼体内的鱼子会影响鱼肉的味道。

新鲜捕捞的鲭鱼以拥有无与伦比的鲜味和奶油的口感著称，在捕捞一段时间后，其风味会变得更为浓郁。鲭鱼会整条或切成两片出售。如果购买整条鱼的话，请确保鱼鳃和血线已经去掉，因为它们带有苦味，会影响鱼肉的味道。鲭鱼的鱼皮通常会保留。

鲭鱼最好的烹饪方式是烤，一片鲭鱼肉只需烤 4 分钟就能熟透，因为它较薄，在烤制过程中也不需要翻转。这种香浓多油的鱼肉最好是搭配醋栗或薄荷来烹饪，比如薄荷腌鲭鱼。鲭鱼可以用鲱鱼和体形较大的沙丁鱼来代替。

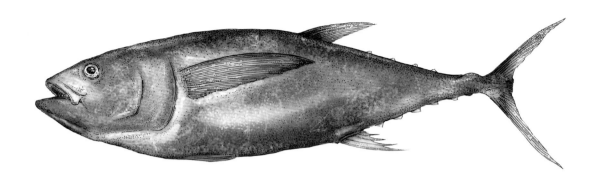

金枪鱼

意大利语名：Tonno
学名：东方蓝鳍鲔（*Thunnus thynnus*）

平均鱼段重量：1.5 ~ 4 千克
平均鱼块重量：150 ~ 250 克

相关食谱：第 147 ~ 153 页

金枪鱼在地中海地区是一种经济价值非常高的鱼类，因为这种鱼深受人们的喜爱，市场需求很高。蓝鳍金枪鱼被认为已经濒临灭绝，因此我们应该避免食用这种金枪鱼。以垂钓方式捕获金枪鱼能够更好地保护它们的物种可持续性，而且这个过程也不会伤害其他海洋生物。通常认为黄鳍金枪鱼是可持续性较高的品种，作为金枪鱼近亲的鲣鱼和鲭鱼是很好的替代食材。

金枪鱼的体形一般非常巨大，所以虽然它们在商业市场上会整条交易，但普通消费者买到的一般是处理过的鱼段或鱼块，它们买回来之后不需要进一步处理。

新鲜的金枪鱼块最好是用来烤或香煎，因为用高温直接烧过的金枪鱼肉颜色会变深，也会变得更为诱人。意大利人的餐桌上经常会出现金枪鱼罐头，而不是新鲜的金枪鱼，因为后者的价格实在太高。意大利特色菜杏仁松子香煎金枪鱼很好地将多种口感的食材融合在一起。

食材分量：6 人份
准备时长：10 分钟
烹饪时长：20 分钟

150 毫升橄榄油
1 千克鲱鱼，清理干净，切片
2 颗蒜瓣，切碎
1 个红辣椒，切碎
12 片面包，去皮烤
欧芹，切碎
柠檬角
盐

替代鱼类：沙丁鱼、鲭鱼

 268页 270页

卡拉布雷斯式鲱鱼
Aringhe alla calabrese

在煎锅或长柄平底锅中加热 30 毫升橄榄油，放入蒜和辣椒，小火轻炒若干分钟。将鲱鱼片铺在上面，稍微用盐调味，开中火，煎约 15 分钟，偶尔用勺子的背面将鱼捣碎，直到鱼与酱汁融为一体。把做熟的鲱鱼抹在面包上，之后放在上菜用的盘子中，淋上剩余的橄榄油，撒上欧芹和柠檬角，立即上菜。

见右页配图

食材分量：4 人份
准备时长：25 分钟
烹饪时长：5 分钟

120 克的油渍鲱鱼片罐头，沥干水分，每片切成较短的两块
1 个菜花，切下小花球
1 个珍珠洋葱，切碎
1 个散叶生菜，切碎
1 个红洋葱，切薄片
175 毫升双倍奶油
15 克第戎芥末
15 毫升红酒醋
45 毫升橄榄油
盐和胡椒

替代鱼类：沙丁鱼、鲭鱼

菜花鲱鱼卷沙拉
Insalata d'aringhe con cavolfiori

首先在炖锅中煮开一锅盐水，然后放入菜花煮 5 分钟。煮熟之后，沥干水分，再放入冷水中冷却。将切半的鲱鱼片卷起来，用木质的鸡尾酒棒或牙签固定。把奶油、芥末、醋、橄榄油和珍珠洋葱放到碗里，用盐和胡椒调味，做成酱汁。把生菜和红洋葱放在一个大沙拉碗中，再倒入菜花和鲱鱼卷。把酱汁淋在沙拉上，放在阴凉的地方静置，直到上桌。

食材分量：4 人份
准备时长：15 分钟 +12 小时浸泡 +15 分钟冷藏

8 片烟熏鲱鱼片
1 个葡萄柚，榨汁滤净
半个柠檬，榨汁滤净
1 把茴香，切成碎末
少量碎莳萝
60 毫升橄榄油
30 毫升白葡萄酒醋
5 克第戎芥末
盐和胡椒

替代鱼类：沙丁鱼、鲭鱼

 268页 270页

烟熏鲱鱼片佐葡萄柚汁
Aringhe al pompelmo

在一个非金属碗中加入适量的水，倒入醋并搅拌，再放入鲱鱼片。浸泡 12 小时，沥干水分。将橄榄油、葡萄柚汁、柠檬汁、芥末和少许盐和胡椒放入碗中，搅拌均匀。把茴香撒在上菜用的盘子中，把鲱鱼片放在上面，淋上葡萄柚汁。再撒上少许切碎的莳萝，在冰箱中冷藏 15 分钟后即可上菜。

食材分量：4 人份
准备时长：25 分钟
烹饪时长：35 分钟

60 毫升橄榄油
800 克河鲱，去鳞，清理干净
1 根胡萝卜，切碎末
1 个洋葱，切碎末
1 颗蒜瓣，切成碎末
1 根芹菜，切成碎末
6 个番茄，去皮去籽，切碎
1 根欧芹，切成碎末
15 克刺山柑，冲洗干净
盐

替代鱼类：鲱鱼、鲭鱼

 268页

小番茄煨河鲱
Agoni al pomodoro

在一个大炖锅中热橄榄油，放入胡萝卜、洋葱、大蒜、芹菜和欧芹，小火轻炒约 5 分钟。放入番茄，盖上锅盖，煨 10 分钟，直到汤汁变得有些黏稠。同时，将每条鱼切成三块。在锅中放入鱼和刺山柑，用盐调味，盖上锅盖，再煨 20 分钟。做好后，立即上桌。

见左页配图

食材分量：4 人份
准备时长：20 分钟 +24 小时腌制
烹饪时长：45 分钟

800 克河鲱，去鳞，清理干净
100 毫升橄榄油
普通面粉
1 个洋葱，切薄片
1 根芹菜，切碎
1 颗蒜瓣，切成薄片
4 片鼠尾草叶
1 片月桂叶
1 根迷迭香
6 粒胡椒
300 毫升红酒醋
盐

替代鱼类：鲱鱼、鲭鱼

268页

腌河鲱
Agoni in carpione

在鱼身上撒上面粉，抖掉多余的面粉。在煎锅或长柄平底锅中热 60 毫升橄榄油，分批放入鱼，每一面煎 3 ~ 4 分钟。用锅铲把鱼盛出来，再用厨房用纸吸干油脂。用盐调味，然后把鱼放入上菜的盘子中。

接下来，制作腌料。将洋葱、芹菜、蒜、鼠尾草叶、月桂叶、迷迭香、胡椒粒、醋和剩余的橄榄油放到炖锅中，大火烧开。转小火，再把锅中的食材烧开。把锅从火上拿下来，将腌料浇在鱼上。在阴凉的地方腌制 24 小时后，即可上桌。

食材分量：4 人份
准备时长：20 分钟 +3 ~ 4 小时腌制

500 克非常新鲜的小凤尾鱼
3 个柠檬，榨汁滤净
50 克碎新鲜欧芹
2 颗蒜瓣，切碎
50 克黑橄榄，去核切碎
100 毫升橄榄油

替代鱼类：鲱鱼、胡瓜鱼

凤尾鱼配橄榄
Acciughe alle olive

拧下凤尾鱼的头，把内脏拽出来。沿着鱼身的边缘把鱼脊椎取出。像打开书一样将鱼打开。将鱼冲洗干净后拍干，放入碗中，倒入柠檬汁，腌制 3 ~ 4 小时。把欧芹、蒜和橄榄放入另一个碗中混合。沥干凤尾鱼的水分，在上菜的盘中摆放整齐，淋上橄榄油，撒上欧芹混合物，立即上菜。

见右页配图

食材分量：4 人份
准备时长：20 分钟 +24 小时腌制

16 只新鲜的凤尾鱼，去鳞，清理干净
2 个柠檬，榨汁滤净，或 120 毫升白葡萄
酒醋
30 克碎欧芹
2 棵葱，切碎
橄榄油
盐

替代鱼类：鲱鱼、沙丁鱼

柠檬腌凤尾鱼
Acciughe al limone

将鱼展开，鱼皮向上铺在菜板上。沿着鱼的脊柱用力按压，直到鱼彻底摊平，然后将鱼的脊椎拽下，从鱼尾处剪下。把鱼折回原来的形状，放在非金属盘子中，铺满一层。轻轻地撒上盐，倒入足够的柠檬汁或醋，在冰箱中腌制 24 小时。腌制完毕后，沥干水分，丢掉腌料，将凤尾鱼盛在上菜用的盘子里。撒上碎欧芹和葱，淋上橄榄油，静置一段时间，即可上菜。

食材分量：4 人份
准备时长：20 分钟
烹饪时长：15 分钟

橄榄油
800 克新鲜凤尾鱼，去鳞，清理干净
60 毫升白葡萄酒醋
2.5 克干牛至
1 颗蒜瓣，切碎
盐和胡椒

替代鱼类：鲱鱼、沙丁鱼

脆皮凤尾鱼
Acciughe gratinate

预热烤箱至 200 摄氏度。在烤盘上刷好橄榄油。把凤尾鱼摊平，鱼皮朝上，拇指沿着脊椎按压，然后翻过来，去掉骨头，不需要再切开，保持一片状即可。把凤尾鱼放到准备好的盘子里。

在碗中倒入醋、60 ~ 75 毫升橄榄油、牛至和蒜，搅拌，用盐和胡椒调味。把调好的酱汁倒在凤尾鱼上，烘烤 15 分钟。烤好后，将凤尾鱼放到上菜用的盘子上，直接上菜或等冷却后上菜均可。

食材分量：4 人份
准备时长：35 分钟
烹饪时长：20 分钟

350 克波伦塔（见第 48 页）
200 克盐腌凤尾鱼，清洗干净
黄油
350 克番茄泥
45 克碎欧芹
盐

替代鱼类：鲱鱼、沙丁鱼

凤尾鱼波伦塔
Polenta alle acciughe

处理凤尾鱼。将头拧下丢掉，鱼的内脏也会同时被拽出来。沿着每条鱼的边缘撕开，将鱼骨取出。清洗干净，拍干备用。预热烤箱至 180 摄氏度。给砂锅或者长条烤盘刷上黄油。将波伦塔，放在锅中排列好。将凤尾鱼、番茄泥、欧芹放在上面，再放上一层波伦塔。在最上面刷上 25 克化开的黄油，烘烤 20 分钟。从烤箱取出后，立即上菜。

....

食材分量：4 人份
准备时长：35 分钟
烹饪时长：1 小时

600 克鲜凤尾鱼，去鳞，清理干净
橄榄油
1 根欧芹
1 颗蒜瓣
8 片薄荷叶
2 个柠檬，榨汁滤净
600 克土豆，切薄片
200 毫升干白葡萄酒
80 克新鲜面包屑
盐和胡椒

替代鱼类：鲱鱼、沙丁鱼

凤尾鱼香烤土豆片
Patate al forno con acciughe

预热烤箱至 180 摄氏度。给烤盘刷上油。把欧芹、蒜、4 片薄荷叶切碎，放在一起。把凤尾鱼鱼皮的那一面向上，用拇指按压鱼的脊椎，然后将鱼翻身，拽下脊椎骨，从鱼尾处剪下来，不要将鱼身切开，保留一片状即可。在准备好的盘子中，铺上一层凤尾鱼，鱼皮朝下，鱼身打开。撒上调制好的香草，用盐和胡椒调味，淋上柠檬汁和橄榄油。再放上一层土豆，撒上更多的香草，用盐和胡椒调味。

继续做这种交替叠加，直至所有材料用完，然后倒入葡萄酒。切碎剩余的薄荷叶，混入面包屑，撒在表面上。烘烤 1 小时，从烤箱中拿出后立刻上桌。

食材分量：4 人份
准备时长：30 分钟
烹饪时长：20 分钟

600 克新鲜凤尾鱼，去鳞，清理干净
2 片白面包，去皮
60 毫升牛奶
1 颗蒜瓣，切碎
1 根欧芹，切碎
1 根牛至，切碎
4 片罗勒叶，切碎
普通面粉
1 个鸡蛋，打匀
120 ~ 150 克干面包屑
75 毫升橄榄油
盐和胡椒
柠檬角

替代鱼类：鲱鱼、沙丁鱼

煎炸凤尾鱼
Acciughe ripiene

将面包撕成小块，放入碗中，加入牛奶，浸泡备用。同时，将蒜、欧芹、牛至和罗勒放入另外一个碗中混合。清理凤尾鱼，去掉鱼骨，保留鱼身的形状。洗净拍干后放在大盘子里，打开鱼身，鱼皮向下。

将面包中多余的牛奶挤出，混入配好的香草，用盐和胡椒调味。将面包一分为二，均匀地撒在鱼上。将其他凤尾鱼放在上面，鱼皮朝上，轻轻地压在一起，组成三明治的形状。将"三明治"的两面依次蘸面粉、打匀的鸡蛋和面包屑。在大煎锅或长柄平底锅中热橄榄油，分批煎炸"三明治"，翻动，直到两面金黄。用锅铲将"三明治"捞出，用厨房用纸吸干油脂，保温放好。炸完所有的"三明治"后，装盘。用柠檬角装饰盘子，然后上菜。

食材分量：4 人份
准备时长：10 分钟
烹饪时长：30 分钟

30 毫升橄榄油
1 颗蒜瓣
2 条腌制凤尾鱼，清洗干净，切片
400 克番茄，去皮切块
1 个辣椒，去籽切碎
300 克意面
30 克刺山柑，沥干水分，清洗干净
15 克碎欧芹
盐

替代鱼类：鲱鱼、胡瓜鱼

意式管面配番茄凤尾鱼酱
Penne alla sangiovanniello

先做酱汁。在炖锅中小火加热橄榄油和蒜瓣。蒜瓣开始变色时，取出扔掉。将凤尾鱼放入锅中，用勺子搅拌并捣烂，使鱼肉彻底分离。拌入番茄、辣椒，再加热 20 分钟。

同时，将一大炖锅的盐水烧开，放入意面，再次烧开之后煮 8 ~ 10 分钟，让面条变软但仍保留嚼劲。把刺山柑、欧芹放入酱汁中。沥干意面中的水分，倒入酱汁，轻轻搅拌。盛到盘中，即可食用。

见右页配图

食材分量：4 人份
准备时长：15 分钟
烹饪时长：1 小时

30 毫升橄榄油
800 克鳗鱼，去皮，切成 5 厘米的小块
20 克腌制凤尾鱼，洗净拍干，切片，捣碎
100 克珍珠洋葱，切碎
200 克小胡萝卜，切碎
1 根芹菜，切碎
1 把新鲜欧芹，切碎
1 颗蒜瓣，切碎
350 克番茄，去皮，粗切成块
350 克煮熟的豌豆
100 毫升干白葡萄酒
盐和胡椒

替代鱼类：鲅鳒、狗鲨

豌豆胡萝卜煨鳗鱼
Anguilla con piselli e carote

在煎锅或长柄平底锅中热橄榄油，放入碎洋葱、胡萝卜、芹菜、欧芹和蒜，小火轻炒约 10 分钟。放入鳗鱼块，把火调到中火，每面煎约 5 分钟，直到鱼肉微微变黄。加入葡萄酒，继续煮到酒精蒸发。用盐和胡椒调味，调小火，盖上锅盖，再煨 15 分钟。

放入番茄、豌豆和凤尾鱼，充分搅拌，把火关到非常小，再煨约 40 分钟。将锅从火上取下，把锅中的食材放入上菜用的盘子里，立即上桌。

见左页配图

食材分量：6 人份
准备时长：10 分钟
烹饪时长：15 分钟

1 条 900 克的鳗鱼，去皮切片
普通面粉
60 毫升橄榄油
2 片月桂叶
1 根胡萝卜，切碎
50 克碎芹菜
1 个中等大小的洋葱，切碎
1 颗蒜瓣，切碎
500 毫升红酒
7.5 克黑胡椒粒
盐

替代鱼类：鲅鳒、石斑鱼

红酒炖鳗鱼
Anguilla al vino rosso

将鳗鱼片切成块，撒上面粉。在煎锅或长柄平底锅中加热 30 毫升橄榄油和月桂叶，将鳗鱼块放入锅中，大火煎 2 分钟，直到每一面变成淡棕色。煎好后，把锅移开。

在另外一个煎锅或长柄平底锅中加热剩下的橄榄油。放入胡萝卜、芹菜和洋葱，低温翻炒 5 分钟。再放入蒜，再炒 2 分钟。将鳗鱼倒入炒蔬菜的锅中，用盐调味，放入胡椒粒，倒入红酒，中火慢炖约 10 分钟。将锅从火上取下，立即上菜。

食材分量：12 人份
准备时长：1 小时 15 分钟 + 一夜腌制 +4 天冷藏
烹饪时长：1 小时

橄榄油
1.2 千克鳗鱼，去皮，切成 3 ~ 4 厘米的片
1 个洋葱，切碎
1 根芹菜，切碎
1 根胡萝卜，切碎
1 升鱼汤（见第 68 页）或蔬菜汤（见第 85 页）
1 个柠檬，榨汁滤净
8 个球形洋蓟
200 克意式腌肉，切片
2 片月桂叶
1 把莴苣叶
香醋
盐和胡椒

腌料：
100 毫升干白葡萄酒
100 毫升苦艾酒
15 克碎百里香
15 克碎龙蒿
30 克碎欧芹
30 毫升橄榄油
盐和胡椒

替代鱼类：鮟鱇、狗鲨

法式洋蓟鳗鱼冻
Terrina d'anguilla e carciofi

将葡萄酒和苦艾酒倒入一个大碗，放入百里香、龙蒿、欧芹和橄榄油。用盐和胡椒调味，加入鳗鱼片，翻动使鱼片入味。用保鲜膜封好，放入冰箱腌一夜。

第二天，在大的防火砂锅中倒入 30 毫升橄榄油加热，放入洋葱、芹菜和胡萝卜，小火轻炒约 5 分钟。倒入汤，煮沸。将鳗鱼沥干，留下腌料，放入砂锅中煮 2 分钟。将锅从火上移开，放在一旁备用。

在碗里倒一半柠檬汁，加入等量的水。去掉洋蓟外层粗糙的叶子，切成块并立刻放入柠檬水里。将一锅水煮沸，放入剩下的柠檬汁。沥干洋蓟，放入锅中煮 7 ~ 8 分钟。用漏勺捞出，冷却静置。

预热烤箱至 180 摄氏度。在砂锅中放入意式腌肉，一半在砂锅中，一半垂在砂锅外，然后把鳗鱼和洋蓟一层层交替地放上去，最后放上一层鳗鱼。用之前留下的腌料调味，再撒上盐和胡椒。把垂在锅外的腌肉折起来，盖上堆好的鳗鱼和洋蓟，在最上面放上月桂叶，用锡箔纸封装好。把砂锅放入烤盘，倒入烤盘一半深度的热水，烘烤 1 小时。到时间后，把烤盘取出，把砂锅从烤盘中端出来，撤掉锡箔纸，用较重的东西压住。冷却静置后放入冰箱中冷藏 4 天。

4 天后，用加热过的布裹住砂锅，把它翻过来，将内容物切成薄片。把莴苣叶放入碗中，淋上橄榄油和香醋，再用盐和胡椒调味。将莴苣叶平均放到 12 个盘子里，每个盘子再放上一片鱼肉冻，即可上菜。

食材分量：4 人份
准备时长：10 分钟 +2 小时腌制
烹饪时长：30 分钟

1 千克鳗鱼，去皮，切成 5 厘米的小方块
75 毫升橄榄油
120 克干面包屑
2 颗蒜瓣，捣碎
4 ～ 5 片鼠尾草叶
30 毫升热水
盐和胡椒

替代鱼类：鮟鱇、狗鲨

佛罗伦萨式烤鳗鱼
Anguilla alla fiorentina

把切好的鳗鱼块放到一个浅盘中，加入 45 毫升橄榄油，用盐和胡椒调味，腌制 2 小时。预热烤箱至 180 摄氏度。将鳗鱼块沥干，裹上面包屑。在防火砂锅中加热剩下的橄榄油，放入蒜、鼠尾草叶，炒若干分钟。放入鳗鱼块，将砂锅放入烤箱，烤 25 分钟，偶尔翻面，直到鱼烤成棕色。将砂锅从烤箱中取出，在鳗鱼上淋上热水，再烤 5 分钟，直到热水完全蒸发。立即上菜。

食材分量：4 人份
准备时长：45 分钟 +5 小时浸泡
烹饪时长：1 小时 30 分钟

红酒醋
1 条鳗鱼，切成 4 厘米的小方块
普通面粉
30 毫升橄榄油
1 颗蒜瓣，切碎
1 撮干牛至
200 毫升干白葡萄酒
350 克番茄，去皮切碎
盐和胡椒
350 克波伦塔（见第 48 页）

替代鱼类：大西洋鳕鱼、箭鱼

煎鳗鱼配波伦塔
Polenta e anguilla

将等量的水和醋放入碗中搅拌，加入鳗鱼块，浸泡约 5 小时。将鳗鱼块沥干，用厨房用纸擦干，撒上面粉。在煎锅或长柄平底锅中热橄榄油，放入蒜和牛至，小火翻炒 2 ～ 3 分钟。放入鳗鱼块，每一面煎 5 分钟，直到每一面变成棕色。倒入葡萄酒，煮到酒精蒸发，然后放入番茄搅拌。小火煨 30 分钟，然后用盐和胡椒调味。配上波伦塔，即可上菜。

食材分量：4 人份

准备时长：10 分钟 + 冷却

烹饪时长：2 ~ 3 分钟

300 克银鱼，清洗干净，沥干备用
150 毫升橄榄油
1 个柠檬，榨汁滤净
5 克第戎芥末
盐

替代鱼类：鲱鱼、凤尾鱼

橄榄油柠香银鱼
Bianchetti all'olio e limone

将银鱼放入加盐的沸水锅中煮 2 ~ 3 分钟，沥干水分，晾凉。把橄榄油、柠檬汁和芥末放在一个碗里搅拌，倒在鱼上面即可食用。

见右页配图

食材分量：4 人份

准备时长：20 分钟

烹饪时长：20 分钟

400 克银鱼，清洗干净，滤干备用
15 克黄油
100 毫升橄榄油
半个洋葱，切成碎末
120 克普通面粉
3 个鸡蛋
100 克搓碎的帕尔马奶酪
牛奶
盐和胡椒

替代鱼类：鲱鱼、凤尾鱼

香煎银鱼饼
Bianchetti in pastella

把鱼洗干净，滤干。在小煎锅中，用 7.5 毫升橄榄油融化黄油，放入洋葱，小火炒 8 ~ 10 分钟，直到洋葱变得金黄。关火，让洋葱冷却。将面粉筛到碗中，放入鸡蛋，用搅拌器搅拌均匀。拌入冷却的洋葱、搓碎的奶酪，用盐和胡椒调味，用搅拌器搅拌均匀，做好光滑细腻的面糊。根据需要，适量放入牛奶。把银鱼放进去，轻轻搅拌。在煎锅或长柄平底锅中加热剩下的橄榄油，分批将拌好的银鱼面糊放入锅中，底部煎到金黄之后翻面，把另一侧也煎熟。用锅铲将煎好的银鱼面饼盛出来，用厨房用纸吸干油脂。做好的鱼饼保温静置，煎完所有的银鱼面糊之后，即可上菜。

食材分量：6 人份
准备时长：10 分钟
烹饪时长：10 分钟

700 克银鱼
普通面粉
橄榄油或植物油
欧芹
柠檬角
盐

替代鱼类：鲱鱼、凤尾鱼

炸银鱼
Bianchetti fritti

在盐水中清洗银鱼，然后晾干。撒上面粉，抖掉多余的面粉。在炸锅中加热大量油到 180 ～ 190 摄氏度，把鱼加入锅中炸 2 分钟，用漏勺分开。用厨房用纸吸去多余的油。用盐调味，用欧芹、柠檬角装饰，趁热上菜。

食材分量：4 人份
准备时长：20 分钟 +5 分钟静置
烹饪时长：45 分钟

橄榄油
400 克箭鱼片，切成薄片
1 个西葫芦，切成又长又薄的片
2 个土豆，切成薄片
15 克碎百里香
1 个柠檬的柠檬皮，切碎
盐和胡椒

替代鱼类：鮟鱇、金枪鱼

百里香烤箭鱼配时蔬
Millefoglie di pesce spada e verdure al timo

预热烤架，将西葫芦片铺在烤盘上，稍微刷一些橄榄油，烤 4 ～ 5 分钟，直到颜色稍微变化。将西葫芦翻面，再刷些橄榄油，烤 4 ～ 5 分钟，然后放到盘子里。以同样的方法烤好土豆片。淋上一点橄榄油，用盐和胡椒调味，撒上 5 克百里香，静置 5 分钟，让食材的味道充分融合。

同时，预热烤箱至 150 摄氏度。把锡箔纸铺在烤盘上，给箭鱼刷上油，撒上剩下的百里香、切碎的柠檬皮，用盐和胡椒调味。将鱼和蔬菜交替叠放，共 4 层，最后一层放鱼肉，准备好后放入烤箱，烤 15 分钟左右。将烤盘从烤箱中取出，静置 5 分钟，然后放入盘中上桌。

见左页配图

食材分量：6 人份
准备时长：1 小时 +30 分钟腌制

150 毫升橄榄油
1.2 千克箭鱼块，切成极薄的鱼片
250 克胡萝卜，切丝
250 克黄瓜，切丝
300 克西葫芦，切丝
150 克小萝卜，切丝
175 块根芹，切丝
30 毫升伍斯特酱
30 克碎红葱头
半个柠檬，榨汁滤净
60 克碎罗勒
盐和白胡椒粉

替代鱼类：金枪鱼

红葱罗勒酱腌箭鱼
Pesce spada marinato allo scalogno e basilico

在一个大碗中装满冰水，加入柠檬汁搅拌。将胡萝卜、黄瓜、西葫芦、小萝卜和块根芹切成细丝，切好后迅速放入柠檬水里。然后做酱汁。将橄榄油倒入搅拌机，放入伍斯特酱、红葱头和罗勒，用盐和白胡椒粉调味，搅拌均匀。把箭鱼片稍微重叠地放到盘子里，用盐和白胡椒粉调味，淋上调好的酱汁，腌制 30 分钟。把蔬菜沥干，用勺子把菜放在鱼上，即可上桌。

见右页配图

食材分量：6 人份
准备时长：20 分钟
烹饪时长：40 分钟

橄榄油
700 克箭鱼片，切成片
1 千克土豆，切成薄片
1 个洋葱，切成圈
1 个红辣椒，切碎
1 颗蒜瓣，切碎
1 把欧芹，切碎
盐和胡椒

替代鱼类：金枪鱼

香烤箭鱼配土豆
Teglia di pesce spade e patate

预热烤箱至 180 摄氏度。在烤盘上刷好橄榄油，铺上一半土豆片，再铺上一层洋葱圈。用盐和胡椒给鱼的两面调好味，将它们放在铺好的蔬菜上，撒上辣椒，淋上 75 毫升橄榄油。再分别铺上一层土豆片和洋葱圈，撒上蒜和欧芹。用盐和胡椒调味，淋上 75 毫升橄榄油。烘烤 40 分钟。结束后，将烤盘从烤箱中取出，静置 5 分钟，即可上菜。

食材分量：4 人份
准备时长：30 分钟
烹饪时长：45 分钟

橄榄油
500 克三文鱼片，去皮
2 根西葫芦，切成细条
2 个洋蓟心，切片
1 个红葱头，切碎
1 根韭葱，切片
300 毫升干白葡萄酒
500 克油酥面团
普通面粉
22.5 克黄油
4 ~ 5 粒黑胡椒
15 克碎欧芹
盐和胡椒

藏红花酱汁：
少量藏红花丝，稍微碾碎
250 毫升鱼汤（见第 68 页）
20 克黄油
45 克普通面粉
22.5 毫升双倍奶油

替代鱼类：鳟鱼、梭子鱼

268页　270页　276页

三文

Salmo

预热烤

锅或长

心和韭

200 毫

煮 5 分

擀成一

舀在面

团折起

或牙签

30 分

同时

红葱

毫升

到干

接下

毫升

断搅

放

直

小

搅

盘

放

食材分量：4 人份

准备时长：10 分钟 +10 分钟浸泡

烹饪时长：20 分钟

4 块箭鱼块

100 毫升牛奶

15 克黄油

普通面粉

盐和胡椒

酱汁：

100 克黄油

7.5 克肉桂粉

1 根丁香

100 毫升苹果酒醋或苹果醋

30 毫升香醋

替代鱼类：金枪鱼

食材分量：4 人份

准备时长：25 分钟

烹饪时长：1 小时

4 块箭鱼块

1 小片月桂叶

1 颗蒜瓣，去皮

1 根细叶芹，切碎

1 根罗勒，切碎

橄榄油

45 ~ 60 毫升干白葡萄酒

1 个洋葱，切碎

1 根芹菜，切碎

1 根胡萝卜，切碎

300 克番茄，去皮去籽，切碎

30 克刺山柑，清洗干净

50 克黑橄榄，去核

40 克帕尔马奶酪，切成薄片

盐和胡椒

替代鱼类：鲛鳐

食材分量：6 人份

准备时长：1 小时 15 分钟

烹饪时长：30 分钟

黄油

700 克三文鱼片

1 千克菠菜

50 克普通面粉

500 毫升牛奶

少量新鲜的肉豆蔻粉

少量干百里香

100 克格律耶尔奶酪

100 毫升双倍奶油

200 克油酥面团

盐和胡椒

焗豆

替代鱼类：鳟鱼、烟熏鱼

268页　270页　276页

菠菜三文鱼派
Torta di salmone e spinaci

把菠菜洗干净，放入加热好水的炖锅中，焯 5 ~ 10 分钟，捞出沥干。挤出多余的水分，切碎。将鱼放入浅一些的炖锅中，倒入水，盖上锅盖，放入少许盐，煮到沸腾，然后转小火，煨 10 分钟。用锅铲把鱼捞出，丢掉鱼皮，切成薄片。留下煮鱼的汤。

预热烤箱至 160 摄氏度。在馅饼盘（或普通的盘子）上刷上一层薄薄的黄油。在炖锅中融化 40 克黄油，放入面粉，小火搅拌 2 分钟。慢慢倒入牛奶，以及 2 勺刚刚留下的鱼汤。用盐和胡椒调味，放入肉豆蔻和百里香搅拌，然后把锅从火上移开。加入奶酪、奶油、菠菜和三文鱼。

在撒上面粉的面板上将面团擀成圆形，铺在馅饼盘上。铺上一张锡箔纸，装满焗豆（作为重压石），烘烤饼皮 15 分钟。将盘子从烤箱中取出，把烤箱温度调高至 180 摄氏度。将焗豆和锡箔纸从饼皮上拿下来。将做好的菠菜和三文鱼用勺子盛到烤好的饼皮里，再烤 30 分钟。烤好后，将馅饼从烤箱中取出，直接上桌。

见右页配图

食材分量：4 人份
准备时长：15 分钟
烹饪时长：25 分钟

25 克黄油
80 克烟熏三文鱼，切碎
3 个球茎茴香，切片
120 毫升双倍奶油
4 根莳萝，切碎
盐和胡椒

替代鱼类：三文鱼子、烟熏鳟鱼

奶油茴香汤配烟熏三文鱼与莳萝
Crema di finocchi al salmone affumicato

在炖锅中化开黄油，放入茴香和 75 毫升水，小火慢煮约 20 分钟。煮好后，放入搅拌机或料理机，加工成糊状。再倒入一个干净的炖锅，混入奶油和 250 毫升水。用盐和胡椒调味。开中火继续煮，但不用煮沸。煮好后，用勺子盛到汤碗中，配上切碎的三文鱼和莳萝，即可上菜。

见左页配图

食材分量：4 人份
准备时长：25 分钟 + 一夜腌制
烹饪时长：20 ~ 25 分钟

300 克三文鱼片
1 个柠檬的柠檬皮，切碎
1 个橙子的橙子皮，切碎
1 把莳萝，切碎
250 克精白糖
250 克精盐
4 个质地光滑的沙拉土豆
100 克羊莴苣
175 毫升橄榄油
盐和白胡椒

替代鱼类：鳟鱼、海鲈鱼

268页   270页   276页

腌三文鱼土豆沙拉
Insalata di patate e salmone marinato

把三文鱼片放在煮锅里，鱼皮朝下。撒上切碎的柠檬皮、橙子皮和一半莳萝。把精白糖和精盐混合在一个碗里，然后撒在鱼上，彻底覆盖鱼。在冰箱中腌制一夜。

把土豆放在一锅烧开的盐水中煮 20 分钟，直到土豆变软但未碎，然后沥干冷却。把鱼从冰箱中取出，沥干水分，刮掉糖和盐形成的外壳，把鱼斜着切成薄片，就像切烟熏三文鱼一样。切土豆。把羊莴苣和土豆放在上菜用的盘子里，再放上三文鱼片。在碗中搅拌橄榄油和剩下的莳萝，用盐和白胡椒调味，做好酱汁。先上三文鱼土豆沙拉，再把酱汁倒在酱碟中另外上桌。

食材分量：4 人份
准备时长：18 分钟
烹饪时长：28 分钟

40 克黄油
100 克三文鱼片，切块
30 毫升橄榄油
1 根韭葱，切碎
100 克南瓜，切块
150 毫升马尔萨拉白葡萄酒
280 克意式烩饭米
5 个榛子，切碎
40 克搓碎的帕尔马奶酪
盐和胡椒

替代鱼类：鳟鱼、大虾或小虾

268页　270页　276页

三文鱼意式烩饭
Risotto con porri, salmone e nocciole

在炖锅中用橄榄油化开 20 克黄油，放入韭葱，小火轻炒 5 ~ 6 分钟，直到韭葱变软。放入南瓜，再炒 5 分钟，直到韭葱有些变黄。倒入葡萄酒，继续煮，煮到酒精蒸发，然后用少量盐调味。

放入米，轻轻搅拌，然后倒入炖好的汤，没过米即可。不断搅拌，直到煮开，有必要的话倒入更多汤，整个过程需要约 12 分钟。

放入三文鱼、榛子，翻炒 8 分钟，炒到米变软。把锅从火上移开，加入剩余的黄油和帕尔马奶酪，用胡椒调味。盖上盖子，静置 5 分钟，即可上桌。

见右页配图

食材分量：4 人份
准备时长：30 分钟 +20 分钟腌制

75 毫升橄榄油
600 克三文鱼片去皮切块
3 个柠檬
少许塔巴斯科辣酱
2 个黄灯笼椒，去籽切成小方块
50 克刺山柑，洗净滤干
8 个青橄榄，去籽切碎
4 个蛋黄
15 克碎欧芹
盐和胡椒

替代鱼类：金枪鱼、扇贝

268页　270页　276页

鞑靼三文鱼
Tartara di salmone

剥 1 个柠檬，清掉所有果髓，把果肉切碎。接着做酱汁。把 2 个柠檬榨成汁。把橄榄油、柠檬汁、塔巴斯科辣酱放在碗中搅拌均匀，用盐和胡椒调味。在盘子中放入三文鱼、灯笼椒、刺山柑、橄榄和切碎的柠檬，再放入酱汁，搅匀后腌制 20 分钟。将混合物平均分在 4 个盘子中，在每个盘子中间放上 1 个蛋黄。用欧芹装饰，即可上菜。

食材分量：4 人份

准备时长：35 分钟 +5 小时冷藏

300 克非常新鲜的三文鱼片，去皮

橄榄油

3 个柠檬

50 克芝麻菜

1 把细叶芹

1 捆小萝卜，择净切半

盐和胡椒

替代鱼类：鮟鱇、扇贝

268页   270页   276页

鲜三文鱼配柠檬绿叶沙拉

Salmone al limone e misto verde

将三文鱼片放入冰箱冷藏约 3 小时，或放入冷冻室冷冻 1 小时，让肉质坚固。用一把非常锋利的刀，将三文鱼切成像纸一样薄的鱼片。将 2 个柠檬榨汁滤净。将切片放在上菜的盘子中，淋上橄榄油和柠檬汁，再用盐和胡椒调味。用保鲜膜封好后，放入冰箱冷藏近 2 小时。把芝麻菜、细叶芹和小萝卜切碎，撒在三文鱼上。将 1 个柠檬切成薄片。淋上更多橄榄油，用盐和胡椒调味，再搭配上柠檬片，即可上菜。

见左页配图

食材分量：6 人份
准备时长：10 分钟
烹饪时长：30 分钟

1.2 千克三文鱼块
130 克新鲜迷迭香叶，切碎
45 克稀奶油
200 毫升蛋黄酱
30 毫升苦艾酒
50 克混合香草，例如欧芹、莳萝和百里香，
切碎
2 根腌黄瓜，切碎
盐和胡椒

替代鱼类：金枪鱼、海鲈鱼

迷迭香烤三文鱼
Salmone croccante al rosmarino

预热烧烤架，在烤架上铺好锡箔纸，撒上碎迷迭香。把三文鱼块放在上面，用盐和胡椒调味，每一面烤约 5 分钟。

同时，搅打奶油，轻轻拌入蛋黄酱，然后缓缓倒入苦艾酒、香草和腌黄瓜。上菜前，将三文鱼片摆在上菜盘的一边，稍微叠在一起，然后把奶油蛋黄酱舀到另外一边。

见右页配图

食材分量：4 人份
准备时长：30 分钟 + 冷却
烹饪时长：20 分钟

900 克沙丁鱼，去皮，清洁干净
2 根迷迭香，切碎
1 颗蒜瓣，切碎
橄榄油
15 毫升红酒醋
盐和胡椒

替代鱼类：鲱鱼、鲭鱼

迷迭香炖沙丁鱼
Sardine al rosmarino

用拇指或掌心按压鱼的脊椎。鱼完全变平之后，把它翻过来，把脊椎拔下来，剪掉尾巴。用镊子把剩下的小骨头择掉。以同样的方法，处理剩下的沙丁鱼。在碗中搅拌迷迭香和蒜，淋上橄榄油，用盐和胡椒调味。把沙丁鱼和迷迭香混合物倒在平底锅中，小火慢炖约 10 分钟，放入醋再煮 10 分钟。从火上把锅移开，冷却后上桌。

277页　278页　276页

食材分量：6 人份
准备时长：45 分钟 +10 分钟腌制

橄榄油
24 条沙丁鱼，去皮，清理干净
200 毫升苹果酒醋
3 个葡萄柚
1 头菊苣，切碎
2 个球茎茴香，切片
50 克松子仁，烤熟
1 把细香葱，切碎
盐

替代鱼类：凤尾鱼、鲱鱼

277页　278页　276页

腌沙丁鱼配菊苣茴香松子沙拉
Sardine marinate con insalata d'indivia, finocchio e pinoli

在上菜的盘子上，铺上一层沙丁鱼，鱼皮向上。加盐调味，淋上苹果醋，腌制 10 分钟。

同时，在盘子上剥开葡萄柚，把汁水留在盘子上，去掉所有味道发苦的白色髓。一瓣瓣地顺着薄膜切开葡萄柚，挤出薄膜上的果汁，然后把薄膜丢掉。

从腌料中取出沙丁鱼，用厨房用纸擦干，然后放入碗中，淋上橄榄油和葡萄柚汁。把菊苣和茴香放在另一个碗中，淋上橄榄油，用盐调味并轻轻搅拌，然后盛到上菜的盘中。放入沙丁鱼，用葡萄柚瓣、松子仁和细香葱点缀，然后上菜。

见左页配图

食材分量：4 人份
准备时长：50 分钟 +2 天冷藏

橄榄油
1 千克沙丁鱼，去鳞，清洗干净
普通面粉
600 克洋葱，切成薄片
600 毫升白葡萄酒醋
2 片月桂叶
盐

替代鱼类：鲱鱼、鲭鱼

277页　278页　276页

洋葱沙丁鱼冻
Sardine fritte in saor

在煎锅或长柄平底锅中热较多橄榄油。给沙丁鱼撒上面粉，分批放入锅中，煎 6 分钟。用锅铲把鱼捞出，用厨房用纸吸干油脂，放在一旁，保温备用。在另一个煎锅或长柄平底锅中加热 60 毫升橄榄油，放入洋葱，盖上锅盖，低温炒 20 ~ 25 分钟。淋上醋，煮开之后再煮几分钟，关火备用。将月桂叶放入砂锅中，再放入一层沙丁鱼，撒盐轻轻调味，再倒入洋葱和醋的混合物。按照此方法，继续叠放食材，最后倒入洋葱和醋的混合物。盖上锅盖，在冰箱中冷藏 2 天。将做好的鱼冻倒出来，切成片食用。

注意：一些意大利厨师会在洋葱层中加入用干白葡萄酒浸泡过的松子和葡萄干。

食材分量：4 人份
准备时长：30 分钟 +24 小时腌制

150 毫升橄榄油
24 条沙丁鱼，去鳞，清理干净
1 个柠檬，榨汁滤净
2 个红灯笼椒，去籽切片
10 个黑橄榄，去核切碎
罗勒，切碎
盐和胡椒

酱汁：
1 个蛋黄
15 毫升白葡萄酒醋
3 片油渍罐头凤尾鱼片，沥干
5 片罗勒叶

替代鱼类：鲱鱼

277页   278页   276页

腌沙丁鱼配罗勒酱汁
Sardine marinate al basilico

把沙丁鱼放在一个浅盘子里。在碗中放入橄榄油、柠檬汁和少量盐和胡椒，搅拌均匀，然后把它们倒在沙丁鱼上。用塑料膜封好，在冰箱中腌制 24 小时。沥干沙丁鱼，留住腌料，把鱼放到上菜的盘子里。

接下来做酱汁。将蛋黄、醋、凤尾鱼片、罗勒、留下来的腌料放入搅拌机中，低速搅拌，直到食材完全搅匀。用红灯笼椒、橄榄和罗勒叶装饰好沙丁鱼，用勺子舀上酱汁，即可上菜。

见右页配图

食材分量：4 人份
准备时长：20 分钟
烹饪时长：20 分钟

橄榄油
8 条沙丁鱼，去鳞，清洗干净
60 克碎欧芹
1 颗蒜瓣，切碎
50 克普通面粉
1 个鸡蛋
80 克新鲜面包屑
柠檬角
盐和胡椒

替代鱼类：鲱鱼

277页   278页   276页

烘烤沙丁鱼
Sardine al forno

预热烤箱至 200 摄氏度。在烤盘上刷上一层橄榄油。展开沙丁鱼，淋上橄榄油，用胡椒调味，在每条鱼里分别撒上欧芹和蒜。把沙丁鱼合起来，轻轻地压在一起。

在一个浅盘上撒上面粉；在另一个浅盘中轻轻地搅打鸡蛋，加入少许盐；在第三个浅盘中撒上面包屑。将鱼依次蘸面粉、蛋液、面包屑，然后将它们在烤盘上铺平，一层即可。淋上一些橄榄油，烘烤 15 分钟，直到鱼变成棕色，配上柠檬角，立刻上桌。

食材分量：4 人份
准备时长：30 分钟
烹饪时长：10 分钟

175 克蒸粗麦粉，做熟备用
16 条沙丁鱼，去鳞，清理干净
5 克孜然粉
5 克辣椒粉
2 颗蒜瓣，切碎
少量新鲜香菜，切碎
橄榄油
盐
若干片脆皮全麦面包

替代鱼类：鲱鱼、凤尾鱼

277页　278页　276页

香烤香草粗麦夹馅沙丁鱼
Sardine farcite con erbe e couscous

预热烤架。将蒸粗麦粉、孜然粉、辣椒粉、蒜和香菜在碗中混合，加入 15 毫升橄榄油搅拌。把搅拌好的食材装到鱼的腹腔中，再给鱼刷上油，每一面烤 3 ~ 5 分钟。

烤好后，把沙丁鱼从烤架上取下，用厨房用纸吸干油脂。用少量盐调味，配上几片脆皮面包，趁热上桌。

见左页配图

....

食材分量：4 人份
准备时长：30 分钟
烹饪时长：20 分钟

350 克红醋栗
4 条鲭鱼，清理干净
25 克黄油
1 个洋葱，切碎
1 颗蒜瓣，切成碎末
175 毫升干白葡萄酒
5 克糖
盐和胡椒

替代鱼类：鲱鱼、沙丁鱼

268页

红醋栗烤鲭鱼
Sgombri al ribes

预热烤箱至 180 摄氏度。把红醋栗放入碗中，加入温水，盖上盖子浸泡。同时，在鱼的每一面划几道斜线，再把它们放到烤盘里。在炖锅中化开黄油，放入洋葱和蒜，小火轻炒约 10 分钟。沥干红醋栗，留下泡它们的水。留下 120 克红醋栗放在一旁备用，把剩下的红醋栗挤出汁后丢掉，将汁水加入泡过红醋栗的水中。把葡萄酒和红醋栗水倒入锅中，放入糖搅拌，用盐和胡椒调味。加热至沸腾，然后从火上把锅取下，将烧好的汤汁倒在鱼上。烘烤约 10 分钟，然后放入留下的红醋栗，再把盘子放入烤箱中烤约 10 分钟。带汤汁上桌。

食材分量：4 人份
准备时长：20 分钟 +15 分钟腌制

4 条鲭鱼，清理干净，去头
1 个柠檬角
红酒醋
30 克碎薄荷
半个柠檬，榨汁滤净
90 毫升橄榄油
1 颗蒜瓣，切成碎末
15 克碎欧芹
盐和胡椒

替代鱼类：鲱鱼、三文鱼

268页

薄荷腌鲭鱼
Filetti di sgombri marinati alla menta

把鱼放在防火砂锅中，倒入足量水没过鱼，放入柠檬角，盖上锅盖，小火轻炖 10 分钟。用锅铲盛出鱼，冷却后去皮切片，然后将鱼片放入浅盘中。淋上醋，用盐和胡椒调味，再撒上一半薄荷。用保鲜膜封好，腌制 15 分钟。同时，将柠檬汁、橄榄油、蒜、欧芹、剩下的薄荷充分搅拌均匀，做成调料。将鱼片沥干，把它们放入上菜用的盘子中，淋上调料。放入冰箱冷藏，准备食用前取出。

见右页配图

食材分量：4 人份
准备时长：25 分钟
烹饪时长：6 ~ 10 分钟

面包
400 克鲭鱼片，去皮
25 克黄油
30 克碎欧芹
少量肉豆蔻粉
普通面粉
橄榄油或蔬菜油
盐和胡椒

替代鱼类：鲱鱼、三文鱼

268页   270页

酥炸鲭鱼丸子
Frittelle di sgombri

将面包撕成小块，放入碗中，加入 45 ~ 60 毫升水，浸泡 5 分钟，然后挤干备用。同时，将鱼片放入食物料理机中搅拌成糊状，然后刮到碗里。放入化开的黄油、泡面包、欧芹、肉豆蔻粉搅拌，用盐和胡椒调味。把搅拌好的食材捏成小球，撒上面粉。在炸锅里加热大量油至 180 ~ 190 摄氏度。将鱼肉丸分批放入热油中，炸 3 ~ 5 分钟，直到鱼肉丸变得金黄。捞出鱼丸，用厨房用纸吸干油脂，保温备用，然后炸完剩下的鱼丸。趁热上菜。

食材分量：4 人份
准备时长：10 分钟
烹饪时长：20 分钟

4 条鲭鱼，清理干净，去头
普通面粉
50 克黄油
半个柠檬，榨汁滤净
30 克碎欧芹
盐
柠檬片

替代鱼类：龙利鱼、三文鱼

268页

脆煎裹面鲭鱼
Sgombri alla mugnaia

把面粉撒在鲭鱼上，在大煎锅或长柄平底锅中融化一半黄油，放入鲭鱼，每面煎 10 分钟，用盐调味。在小炖锅中融化剩下的黄油，持续加热直到化开的黄油呈金黄色。把锅从火上移开。把鱼剖开，扒下脊椎骨和所有附着的鱼骨。把鱼放在盘子里，淋上柠檬汁、黄油和切碎的欧芹。装饰上柠檬片，即可上桌。

食材分量：4 人份
准备时长：10 分钟
烹饪时长：20 分钟

4 条鲭鱼，清理干净
普通面粉
45 毫升橄榄油
25 克黄油
4 片熏培根
盐

替代鱼类：鲱鱼、沙丁鱼

268页

煎鲭鱼配培根
Sgombri fritto con pancetta

把面粉撒在鱼上，抖掉多余的面粉。在一个大煎锅或长柄平底锅中热橄榄油，放入鲭鱼，用中火煎约 5 分钟。用锅铲捞出鱼，用厨房用纸吸干油脂。用少量盐调味，保温备用。在小煎锅或长柄平底锅中融化黄油，放入培根，每一面煎 2 ~ 3 分钟。把煎培根从锅中捞出，每条鱼上裹一片，放入盘中，立即上桌。

食材分量：4 人份
准备时长：25 分钟
烹饪时长：10 分钟

4 条鲭鱼，清理干净
普通面粉
25 克黄油
半个柠檬，榨汁滤净
盐

鼠尾草黄油：
100 克黄油
15 片鼠尾草叶
盐

替代鱼类：鲱鱼、沙丁鱼

268页

煎鲭鱼佐鼠尾草黄油
Sgombri al burro e salvia

在鲭鱼的每一面划上几道斜线，然后撒上面粉，抖掉多余的面粉。在煎锅或长柄平底锅中化开黄油，放入鱼，中火每面煎约 5 分钟。与此同时，准备鼠尾草黄油。在炖锅中融化黄油，黄油变色后，放入鼠尾草，用盐调味，鼠尾草叶开始变脆后，把锅从火上拿下来。用盐给鱼调味，然后盛到温热的盘子里。用勺子舀一点鼠尾草黄油，浇在鱼上，再淋上柠檬汁，即可上菜。

食材分量：4 人份
准备时长：20 分钟
烹饪时长：55 分钟

30 毫升橄榄油
4 块金枪鱼块，切半
1 个红葱头，切碎
200 克胡萝卜，切碎
200 克萝卜，切碎
200 克青刀豆，切半
1 根百里香
1 根迷迭香
100 毫升白葡萄酒
盐和胡椒

替代鱼类：三文鱼、鮟鱇

慢炖金枪鱼
Tonno stufato

在一个大浅锅中加热橄榄油，放入金枪鱼，大火把鱼的两面煎至棕色。取出金枪鱼，撇去多余的脂肪，放入红葱头，轻炒约 5 分钟。放入胡萝卜、萝卜、青刀豆、百里香和迷迭香，用盐和胡椒调味，中火轻炒约 10 分钟。将金枪鱼放在蔬菜上，倒入葡萄酒和 150 毫升水，转小火，盖上锅盖，慢炖 30 分钟。把香草挑出来丢掉，将金枪鱼和蔬菜盛到一个加热过的盘子上，即可上菜。

食材分量：6 人份
准备时长：15 分钟
烹饪时长：20 ~ 25 分钟

300 克意式螺旋面
橄榄油
250 克青刀豆
200 克油渍罐头金枪鱼，沥干切片
1 个小洋葱，切成薄片
4 ~ 6 片罗勒叶，切碎
盐和胡椒

替代鱼类：三文鱼罐头、新鲜金枪鱼

金枪鱼螺旋面沙拉
Insalata di fusilli e tonno

将一大锅盐水烧开，放入意面，煮开之后再煮 8 ~ 10 分钟，直到意面变软但仍然有嚼劲。沥干，用自来水冷却，再次沥干。倒入碗中，淋上油，放在阴凉的地方备用。在煮开的盐水中倒入青刀豆，煮 10 ~ 15 分钟，沥干切段。

将煮好的意面、青刀豆，鱼，洋葱放入沙拉碗中，撒上切碎的罗勒叶。淋上一点橄榄油，用盐和胡椒调味，即可上菜。

见右页配图

食材分量：4 人份
准备时长：10 分钟
烹饪时长：30 分钟

45 毫升橄榄油
1 颗蒜瓣，切片
4 块金枪鱼块
1 根欧芹，切碎
30 毫升白葡萄酒醋
盐和胡椒

替代鱼类：三文鱼、箭鱼

醋香金枪鱼
Tonno all'aceto

在又大又浅的平底锅中加热橄榄油，放入蒜，翻炒若干分钟，然后加入金枪鱼和 30 毫升水。用盐和胡椒调味，撒上欧芹。盖上锅盖，小火煮约 20 分钟。放入醋，再煮到醋完全蒸发，即可上菜。

食材分量：6 人份
准备时长：35 分钟
烹饪时长：15 分钟

1.2 千克金枪鱼，切成小方块
2 个洋葱，切片
400 克土豆，切块
1 个小绿灯笼椒，去籽切成大块
1 个小黄灯笼椒，去籽切成大块
45 毫升橄榄油
1 颗蒜瓣，去皮
15 克碎欧芹
200 毫升干白葡萄酒
200 克番茄，切片
少量干辣椒片
6 片烤吐司
盐

替代鱼类：箭鱼、三文鱼

炒金枪鱼配蔬菜
Tonno in tegame con verdure miste

将洋葱、土豆和灯笼椒放入一锅烧开的盐水中焯 2 分钟，沥干水分备用。

在平底锅中放入橄榄油和蒜瓣。蒜瓣煎成棕色时，即可挑出丢掉。把欧芹放到锅里，小火轻炒 1 分钟，再放入鱼，翻炒 2 分钟。加入葡萄酒，继续翻炒，直到酒精蒸发。

放入焯好的蔬菜、番茄、辣椒片，搅拌，稍稍加热，用盐调味。把锅从火上移开，配上切好的吐司，立刻上桌。

见左页配图

食材分量：4 人份
准备时长：10 分钟
烹饪时长：10 分钟

30 毫升橄榄油
4 块金枪鱼块
100 毫升干白葡萄酒
100 克橄榄，去核切碎
25 克去皮杏仁，切碎
25 克松子仁，切碎
半个柠檬的柠檬皮，切碎
半颗蒜瓣，切碎
15 克碎马郁兰
15 克碎百里香
15 克碎欧芹
盐和胡椒

替代鱼类：箭鱼、石斑鱼

杏仁松子香煎金枪鱼
Tonno alle mandorle, pinoli e olive

在煎锅或长柄平底锅中加热橄榄油，放入金枪鱼，用中火把每一面煎 4 分钟。倒入葡萄酒，煮到酒精蒸发，用盐和胡椒调味。再煮几分钟，把鱼盛到上菜的盘子中，保温备用。将橄榄、杏仁、松子仁、柠檬皮、蒜、马郁兰、百里香和欧芹放入碗中搅拌均匀，然后放入锅中，小火翻炒 1 分钟。把锅从火上移开，将炒好的食材撒在金枪鱼上，即可上桌。

见右页配图

食材分量：6 人份
准备时长：35 分钟
烹饪时长：15 分钟

400 克熟海螯虾，去皮
200 克罐装金枪鱼，沥干水分，粗切成片
200 克罐装意大利白豆，清洗干净，沥干
2 个菊苣，择净切条
1 把芝麻菜，切碎
5 克咖喱粉
60 毫升橄榄油
盐

替代鱼类：罐装三文鱼、大虾

鱼虾时蔬沙拉
Insalata di tonno e scampi

把豆子、菊苣和芝麻菜放入沙拉碗中，加入海螯虾和金枪鱼。把咖喱粉和油一起搅拌，加盐调味，做成酱汁。将酱汁倒在沙拉上，稍微搅拌即可上桌。

见左页配图

食材分量：8 ~ 10 人份
准备时长：40 分钟
烹饪时长：50 分钟

30 毫升橄榄油
2 千克杂鱼，比如三文鱼、鲭鱼、鳗鱼、石
斑鱼、鱿鱼或墨鱼，洗净切块
2 个红洋葱，切碎
1 根芹菜，切碎
3 颗蒜瓣，切碎
1 把欧芹，切碎
5 个番茄，切碎
3 升开水
1 千克蒸粗麦粉，做熟备用
盐和胡椒

替代鱼类：石斑鱼、红鲻鱼、扇贝、金枪鱼

 268页 282页

炖杂鱼配粗麦
Cous-cous di pesce

在一个炸锅或长柄平底锅中加热橄榄油，放入洋葱、芹菜、蒜、欧芹、番茄和鱼，中低火轻炒约 10 分钟。倒入烧开的热水，用盐和胡椒调味。转小火，盖上锅盖，煨 30 分钟。把鱼从锅中捞出，放在一旁，保温备用。小心地将汤汁的三分之一滤到蒸锅中，再用小火继续加热蔬菜。向汤汁中倒入 1 升水，煮开。

用叉子把备好的蒸粗麦粉松一松，倒入一个加热过的盘子里。放入一半汤汁，充分搅匀，再把鱼放在最上面。立即上菜，剩下的汤汁单独上桌。

见右页配图

食材分量：4 人份
准备时长：30 分钟
烹饪时长：10 分钟

1 千克混合油性鱼，例如凤尾鱼
普通面粉
橄榄油
鼠尾草叶
1 个柠檬
盐和新鲜白胡椒粉

替代鱼类：沙丁鱼、胡瓜鱼、鲱鱼

277页

酥炸杂鱼
Fritto misto

用手指刮掉鱼鳞，然后用自来水冲洗干净。把鱼头切下来丢掉，沿着鱼的腹腔切开，取出内脏丢掉，用自来水冲洗干净。将鱼打开，鱼皮朝上，放在菜板上。用拇指或手掌用力按压鱼的脊椎。

鱼完全变平之后，翻过来，拽下脊椎骨，在尾巴处剪掉。用镊子把剩下的小鱼骨拔掉。用同样的方法处理剩下的鱼。

在鱼身上撒上面粉，抖掉多余的面粉。在大煎锅中加热大量橄榄油和 4 片鼠尾草叶。先放入最大的鱼，炸 1 分钟，然后放入较小的鱼，继续炸若干分钟，直到鱼肉变得松散。如有需要，可以分批炸鱼。用锅铲把鱼盛出来，用厨房用纸吸干油脂，保温备用，直到所有的鱼全部炸熟。把鱼放到上菜的盘子中，装饰上柠檬和鼠尾草，用盐和白胡椒调味，立即上菜。

见左页配图

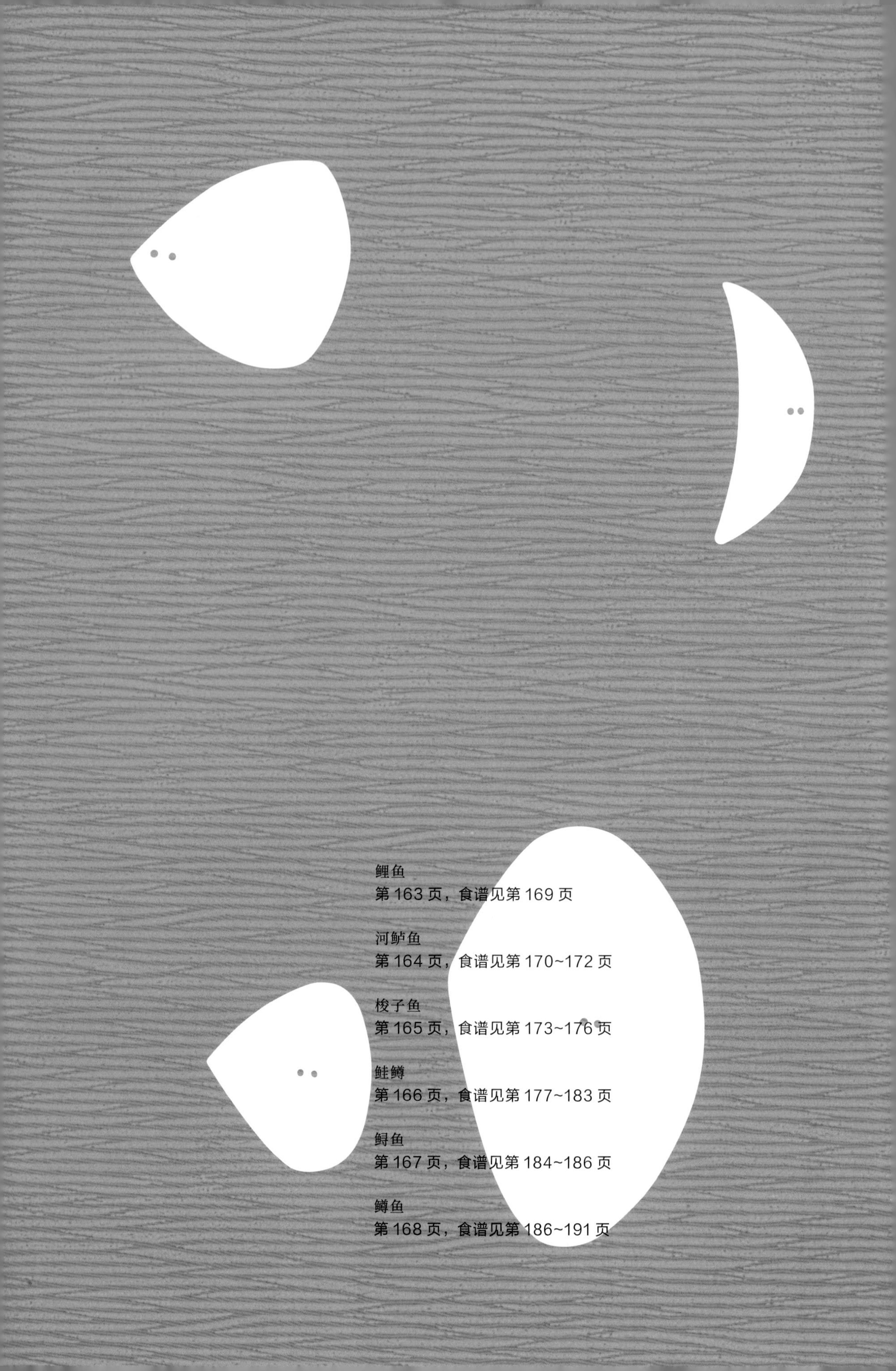

鲤鱼
第 163 页，食谱见第 169 页

河鲈鱼
第 164 页，食谱见第 170~172 页

梭子鱼
第 165 页，食谱见第 173~176 页

鲑鳟
第 166 页，食谱见第 177~183 页

鲟鱼
第 167 页，食谱见第 184~186 页

鳟鱼
第 168 页，食谱见第 186~191 页

淡水鱼

FRESHWATER FISH

淡水鱼的种类繁多，它们也是部分意大利菜式的主角。有些国家的人不太喜欢食用淡水鱼，但作为垂钓的目标，它们很受休闲垂钓者的欢迎。鲤鱼是目前世界上养殖规模最大的鱼类，因为中国和部分东欧国家（比如匈牙利和波兰）尤其钟爱食用这种淡水鱼。

淡水鱼的体形圆润，体内多刺，体表通常带有一层黏液，这使得它们处理起来比较困难。它们的体表上还有一层厚厚的鱼鳞，需要在烹饪前先清理干净。

淡水鱼通常带有浓厚的风味和松散的口感，所以它们可以很好地搭配强烈的味道。它们适合用来煎或烤。

鲤鱼

意大利语名：Carpa
学名：鲤科（Cyprinidae）

平均重量：400克 ~ 2.2千克
平均尺寸：10 ~ 100厘米

相关食谱：第169页

鲤鱼在远离海岸的地区是一种特别受欢迎的食材，也是一种十分重要的淡水鱼。鲤科中的草鱼和镜鲤是人们常吃的品种。它们拥有泛着金色的皮肤和饱满的腹部，不同品种的鱼鳞数量有所不同。鲤鱼是目前世界上养殖规模最大的鱼类。

一般而言，鲤鱼会整条带内脏出售。跟大多数淡水鱼类似，鲤鱼体表天生带有一层厚厚的黏液，所以在烹饪鲤鱼之前需要先仔细把黏液清理干净。在处理鲤鱼的时候，需要用流动的冷水不断冲刷，或者先在加入少量醋的水中浸泡几个小时，这样可以清除鱼肉中残留的泥土味，然后进行清洗和去鳞。如果要烹饪整条鱼的话，请记得先把腮和血线去掉，因为它们带有苦味，会影响鱼肉整体的味道。

鲤鱼肉带有一种独特的泥土味，它比较适合整条烤熟，也可以切片去骨后做一些简便的菜式。鲤鱼佐大管家黄油就是一道简单可口的鲤鱼菜式，只搭配黄油、欧芹和柠檬即可做成。

在相关食谱中，鲤鱼可以用罗非鱼、鲇鱼、梭子鱼和欧鳊来代替。

河鲈鱼

意大利语名：Pesce persico
学名：鲈科（*Percidae*）

平均重量：300 克 ~ 1.3 千克
平均尺寸：20 ~ 50 厘米

相关食谱：第 170 ~ 172 页

河鲈鱼被认为是最美味的淡水鱼之一。河鲈鱼可以在意大利的部分湖、水流平缓的河流和西西里岛找到，在欧洲和北美洲的许多地区也比较常见。河鲈鱼的体形圆润多肉，体表呈深橄榄绿色，鱼鳍呈鲜明的橙色。河鲈鱼的鳞片比较厚密，刚捕捞上来的时候还会带有一层黏液，因此处理起来会比较麻烦。这种肉食鱼还以性格凶猛著称。

河鲈鱼一般是经处理后整条出售。很多大厨会建议在捞起鲈鱼后马上去鳞，否则鳞片会一直黏附在鱼皮上，难以去除。去鳞的方法是先将河鲈鱼放进开水中浸泡 5 秒，然后马上放入冰水中，这样鳞片就能很容易地剥落。在进一步处理河鲈鱼之前，应该用剪刀小心去掉锋利的鱼鳍。尽管河鲈鱼的鱼肉处理起来没有那么麻烦，但还是要注意其中细小的鱼刺——等鱼肉做熟后，这些鱼刺会更容易找到并处理。在准备鱼肉时，你需要小心去掉里面的粗刺。

河鲈鱼的肉质细腻鲜甜，没有淡水鱼常见的泥土味。河鲈鱼适合用来香煎、清蒸和烤，也可以将肉块裹上面粉、鸡蛋和面包屑来油炸。一道河鲈鱼经典菜式是鼠尾草煎河鲈。河鲈鱼在某些国家可能不容易买到，你可以用欧鳊、美国红鱼、杂交条纹鳟鱼或虹鳟来代替。

梭子鱼

意大利语名: Luccio
学名: 舒科 (*Sphyraenidae*)

平均重量: 1~5千克
平均尺寸: 50~90厘米

相关食谱: 第173~176页

梭子鱼的嘴部和头部比较扁平,身形比较长。梭子鱼是一种进攻性较强的肉食鱼,常见于意大利中北部、欧洲北部和北美洲的平缓溪流、河流和湖泊。梭子鱼拥有黄色的眼睛和浅绿色的皮肤,上面有金色的斑点。雌性梭子鱼的鱼子呈金黄色,在欧洲部分地区是一种被奉若珍宝的美食。不过梭子鱼子需要经过腌制方可食用,因为生的梭子鱼子有一定毒性。

梭子鱼一般会在洗净后整条出售,但也可以买到去皮切片的鱼肉。梭子鱼的鱼肉紧实多刺,所以梭子鱼最常见的做法是慕斯鱼冻,因为鱼刺能在鱼肉制作的过程中轻易去掉。

由于梭子鱼肉带有一种特别鲜明的风味,因此它适合搭配味道浓烈的食材。梭子鱼适合用于香煎、清炖和烤。在意大利菜中,梭子鱼会搭配奶油蘑菇酱,比如白汁梭子鱼,或者被做成精致的梭子鱼慕斯。口味最接近梭子鱼的替代食材是梭鲈。

鲑鳟

意大利语名：Trota salmonata
学名：鲑科（*Salmonidae*）

平均重量：500 克~6 千克
平均尺寸：60 ~ 100 厘米

相关食谱：第 177 ~ 181 页

鲑鳟原产于欧洲，是淡水褐鳟的洄游品种。鲑鳟的体形修长，银色的皮肤上有一些黑色斑点。鲑鳟的外形十分独特——头部略显弯曲，下颌的线条延伸到眼睛后面。野生鲑鳟的合法捕捞期比三文鱼更短，而且这两种鱼在野外的数量都已经很稀少了。鲑鳟目前也有大规模养殖。鲑鳟与白鲑、北极红点鲑和河鳟同属鲑科，而白鲑在意大利菜中尤其常见。

鲑鳟的鱼肉呈粉红色，口感细腻鲜甜，而且含有丰富的油脂，因此烹饪得过火会很容易变干。鲑鳟一般是洗净后整条出售，偶尔也能买到冷熏的鲑鳟肉。鲑鳟也能切成两片鱼肉来卖，体形较大的鲑鳟也可能会被切成多块鱼排。

鲑鳟适合用来清炖、香煎和烤。很多常用的香草，比如莳萝、雪维菜和茴香都与鲑鳟很搭配，也可以使用海蓬子这样的海菜来搭配。三文鱼和鳟鱼被纳入意大利菜的时间较短，但由于这两种鱼都非常百搭，所以它们经常出现在带有箭鱼和金枪鱼的食谱之中。阿拉斯加三文鱼和北极红点鲑是鲑鳟最好的替代品，也可以用鳟鱼来代替。

鲟鱼

意大利语名：Storione
学名：鲟科（Acipenseridae）

平均重量：2 ~ 8 千克
平均尺寸：60 ~ 120 厘米

相关食谱：第 184 ~ 186 页

鲟鱼是一种古老的鱼，不过它的外形与几千年前已经不太一样。鲟鱼有着突出的鱼吻，身体背部呈黑色，体表覆盖着黏液。欧洲海洋河湖和大西洋两岸栖息着超过 20 种鲟鱼，其中里海盛产部分品种的鲟鱼。长年以来，人们一直过度捕捞鲟鱼来制作鱼子酱。鲟鱼的生长周期较长，成熟较晚，加上人们毫无节制的捕捞，现在它已经是世界上最为濒危的鱼类之一。由于过度捕捞和栖息地污染问题，我们应该只食用养殖的鲟鱼。比较适合替代鲟鱼的食材是可持续捕捞的鳝鱼和海鳗。

鲟鱼肉质紧实，富含油脂，特别美味，适合用于清炖、烤或油炸。如果是整条出售的鲟鱼，在烹饪之前需要将其清洗干净。由于鲟鱼的鱼身比较厚，所以需要两面加热 6 ~ 8 分钟才能做熟。虽然新鲜的鲟鱼肉很好吃，但最常见的做法还是烟熏——这是西西里岛的一种特色菜。

鳟鱼

意大利语名：Trota
学名：鲑科（*Salmonidae*）

平均重量：300克~2千克
平均尺寸：25~50厘米

相关食谱：第186~191页

鳟鱼也是深受意大利人喜爱的一种淡水鱼。鳟鱼有两种主要变种：一种是生活在意大利的湖泊、溪流和河流的褐鳟；另一种是来自美国的虹鳟，它的生长速度很快，一般养殖于湖泊或河流中。鳟鱼的背部呈深绿色，体表覆盖着银色的鳞片和黑色的斑点，它的腹部闪烁着蓝色和粉色的条纹。褐鳟的洄游品种是鲑鳟；虹鳟在美国的洄游品种是硬头鳟，其外观和口味与鲑鳟相近。

生活在不同水域的鳟鱼风味也大不相同。在沙砾河床养殖的鳟鱼风味比较细腻，带有类似蘑菇的味道。但如果是在多泥的水域捕捞上来的鳟鱼，它们身上带有的泥土味道可能会让人难以接受。

鳟鱼可以整条或切片出售，你也可以买到热熏和冷熏的鳟鱼肉。鳟鱼最经典的做法是将现宰的鳟鱼直接放入加醋的汤中清炖，在这个过程中鱼会变成蓝色。鳟鱼也适合用于烤。黄油煎鳟鱼在意大利北部特别受欢迎，而意大利翁布里亚地区的一道经典菜式是松露配鳟鱼。鲑鳟可以作为鳟鱼的替代食材来使用。

食材分量：4 人份
准备时长：15 分钟
准备时长：10 分钟

4 条 350 克的鲤鱼，去鳞，清理干净
50 克黄油
2 个柠檬，榨汁滤净
15 克碎欧芹
橄榄油
盐

替代鱼类：梭子鱼、罗非鱼

268页

鲤鱼佐大管家黄油
Carpa al burro maitre d'hotel

将 45 毫升柠檬汁、欧芹和一小撮盐与化开的黄油搅拌到完全融合。将加工好的黄油捏成小方块，放到冰箱冷藏备用。预热烤架。给鱼刷上橄榄油和剩余的柠檬汁，每一面烧烤 5 分钟，直到鱼肉变得松散易碎。把鱼放到加热过的盘子上，用黄油块装饰好，立即上菜。

食材分量：4 人份
准备时长：15 分钟
烹饪时长：75 分钟

1 条 1 千克的鲤鱼，去鳞，清理干净
50 克黄油
30 毫升橄榄油
2 根胡萝卜，切成碎末
2 个洋葱，切成碎末
1 根芹菜，切成碎末
500 毫升红酒
盐和胡椒

替代鱼类：淡水鲷鱼、鳟鱼

268页

红酒炖鲤鱼
Carpa al vino

在大煎锅中，用橄榄油融化 25 克黄油；加入胡萝卜、洋葱、芹菜，小火轻炒约 15 分钟。放入鲤鱼，用盐和胡椒调味，倒入红酒和 75 毫升水。煮开，然后盖上锅盖，慢炖 45 分钟。把鱼放到上菜的盘子里。然后做酱汁。把炒好的蔬菜放入食物碾磨器，然后把处理好的蔬菜和汤汁一起倒入锅中。煮到浓稠，加入剩余的黄油搅拌。将鲤鱼和酱汁一起上桌。

食材分量：4 人份
准备时长：10 分钟
烹饪时长：10 ~ 15 分钟

8 块河鲈鱼片，去皮
50 克黄油
60 克碎山萝卜
60 克碎罗勒
60 克碎欧芹
200 毫升干白葡萄酒
200 毫升双倍奶油
120 克新鲜面包屑
盐和胡椒

替代鱼类：淡水鲷鱼、梭子鱼、大西洋鳕鱼

268页　270页　276页

奶油香草烘烤河鲈鱼
Persico con panna ed erbe

预热烤箱至 200 摄氏度。将鱼片放到烤盘上，用黄油点缀，撒上山萝卜、罗勒和欧芹，用盐和胡椒调味。把葡萄酒和奶油倒在鱼上，撒上面包屑。烘烤 10 ~ 15 分钟，直到鱼肉变得松散，然后立即上菜。

见左页配图

食材分量：4 人份
准备时长：15 分钟
烹饪时长：20 分钟

800 克鲈鱼片
橄榄油
1 个洋葱，切成碎末
1 个西葫芦，切成碎末
150 克去壳核桃，切成碎末
30 克碎欧芹
1 个柠檬，切成薄片
盐和胡椒

替代鱼类：梭子鱼、淡水鲷鱼、大西洋鳕鱼

268页　270页　276页

烘烤鲈鱼配核桃
Filetti di persico al forno alle noci

预热烤箱至 200 摄氏度，在烤盘上刷上橄榄油。加热 30 毫升橄榄油，放入洋葱，小火轻炒 5 分钟，直到洋葱变得半透明。放入西葫芦，小火炒 5 ~ 8 分钟，直到西葫芦变软，然后放入核桃和一半欧芹。用盐和胡椒调味，然后把锅从火上移开。将鱼放入烤盘中，撒上准备好的混合物，淋上 15 毫升橄榄油，烘烤 15 分钟。时间到后，把鱼从烤箱中拿出来，再撒上剩下的碎欧芹，用柠檬片装饰盘子，立即上菜。

食材分量：4 人份
准备时长：25 分钟
烹饪时长：20 分钟

8 块河鲈鱼片，去皮
普通面粉
50 克黄油
15 毫升橄榄油
3 个白洋葱，切成细丝
30 毫升蜂蜜
4 个土豆，切薄片
2 个番茄，切片
30 克第戎芥末
少量新鲜马郁兰
香醋
盐和白胡椒

替代鱼类：大西洋鳕鱼、鳟鱼、淡水鲷鱼

268页   270页   276页

烘烤河鲈鱼配土豆、蜂蜜与香醋
Pesce persico con sauté di patate, miele e aceto balsamico

预热烤箱至 200 摄氏度。把面粉轻轻撒在鱼上。在防火砂锅里，用橄榄油融化黄油，再铺上一层洋葱，倒入蜂蜜，把土豆片盖在上面，然后放入剩余的洋葱，再加上一层番茄片。烘烤 10 分钟，然后从烤箱中取出，把鱼片放在蔬菜上面。抹上芥末，用盐和白胡椒调味，再撒上马郁兰，放回到烤箱中。再烤 10 分钟，直到鱼变脆。把砂锅从烤箱中取出，用香醋调味，立即上菜。

食材分量：4 人份
准备时长：10 分钟
烹饪时长：6 ~ 8 分钟

600 克河鲈鱼片，去皮
普通面粉
50 克黄油
8 片新鲜鼠尾草叶
盐和胡椒

替代鱼类：梭子鱼、鲤鱼、罗非鱼

268页   270页   276页

鼠尾草煎河鲈
Pesce persico alla salvia

把面粉轻轻撒在鱼片上，抖掉多余的面粉。在大煎锅或长柄平底锅中，融化黄油，加入鼠尾草。把鱼放入锅中，开中火，每一面煎 3 ~ 4 分钟，直到鱼彻底变成金黄色。用盐和胡椒调味，之后立即上菜。

食材分量：4 人份
准备时长：30 分钟
烹饪时长：30 ~ 35 分钟

30 毫升橄榄油
1 条 1 千克的梭子鱼，清理干净，切片去皮
75 毫升干白葡萄酒
1 个洋葱，切薄片
半颗蒜瓣，切碎
50 克黄油
半个柠檬，榨汁滤净
100 克意大利腌肉，切小方块
盐和胡椒
碎欧芹

替代鱼类：鲤鱼、淡水鲷鱼、鳟鱼

268页   270页   276页

老式腌肉炖梭子鱼
Luccio all'antica

在大煎锅或长柄煎锅中加热橄榄油。用盐和胡椒给鱼片的每一面都调好味，用大火煎鱼片，直到两面都变成金黄色。将鱼盛到盘子里，保温备用。向锅中倒入葡萄酒，放入洋葱和蒜搅拌，直到汤汁只剩一半。加入黄油，每次只放一点，搅拌均匀。最后，倒入 45 毫升温水和柠檬汁，搅拌均匀。用非常小的火给酱汁保温。把意大利腌肉放入锅中，持续加热直到脂肪消失，然后用漏勺把腌肉捞出。将鱼放入黄油酱汁中，再放入腌肉，慢炖 10 ~ 15 分钟。将梭子鱼片和酱汁盛到一个上菜的盘子中，用欧芹点缀，即可上桌。

食材分量：4 人份
准备时长：25 分钟
烹饪时长：30 ~ 35 分钟

1 条 1 千克的梭子鱼，清洗干净，去皮切块
普通面粉
50 克黄油
200 克蘑菇，切薄片
2 个蛋黄
200 毫升双倍奶油
盐和胡椒

替代鱼类：淡水鲷鱼、河鲈鱼、大西洋鳕鱼

268页

白汁梭子鱼
Luccio in blanquette

在鱼片上轻轻撒上面粉，然后在大平底锅中融化黄油——当黄油变成较浅的金黄色时，加入鱼，然后继续煎，直到鱼的两面都彻底变成均匀的棕色。加入蘑菇，用盐和胡椒调味，小火再加热约 20 分钟。同时，把蛋黄和奶油在小碗中充分搅拌，再放一点盐调味。把锅从火上移开，再把调好的鸡蛋混合物浇在鱼上面。开小火，慢慢热透锅里的食材。将做好的鱼片装到加热过的盘子里，用勺子把酱汁浇到鱼上。立即上菜。

食材分量：4 人份
准备时长：20 分钟
烹饪时长：30 分钟

1 条 1 千克的梭子鱼，去鳞，清理干净
1 个洋葱，切片
1 根欧芹
1 颗蒜瓣
45 克黄油
盐和胡椒

白黄油酱：
3 个红葱头，切成碎末
15 毫升白葡萄酒醋
15 毫升白葡萄酒
200 克黄油
半个柠檬，榨汁滤净
盐和白胡椒

替代鱼类：三文鱼、红鲻鱼

268页

烤梭子鱼配白黄油
Luccio al burro bianco

预热烤箱至 180 摄氏度。将盐和胡椒撒在鱼的肚子里调味，并把洋葱、欧芹、蒜放进去，再次用盐和胡椒给鱼调味。将融化的黄油刷在鱼上，放入烤盘，烘烤 30 分钟。每隔 5 分钟，就用剩余的黄油刷一次鱼。

同时，做白黄油酱。将红葱头放到炖锅中，倒入醋和葡萄酒，开中火，直到收汁。把锅从火上拿下来，拌入黄油，每次倒入一点，慢慢拌匀。每加一点黄油，搅拌均匀后，就把锅放回火上加热若干秒。加入柠檬汁，用盐和白胡椒调味。把烤好的鱼放在盘子里，白黄油酱配在一旁，即可上桌。

见右页配图

食材分量：4 人份
准备时长：15 分钟
烹饪时长：20 分钟

50 克黄油
1 条 1 千克的梭子鱼，清理干净，去鳞切块
15 克干蘑菇
2 根欧芹
2 根百里香
1 片月桂叶
15 克普通面粉
150 毫升鱼汤（见第 68 页）
200 毫升干白葡萄酒
2 个蛋黄
半个柠檬，榨汁滤净
盐和胡椒

替代鱼类：鲤鱼、淡水鲷鱼

268页

鱼汤炖梭子鱼
Luccio in fricassea

将蘑菇放入碗中，倒入温水浸泡 20 分钟；到时间之后，挤干水分，切碎。在平底锅中融化黄油，放入鱼，中火轻炒约 5 分钟，直到鱼变成浅棕色。将欧芹、百里香和月桂混在一块，和蘑菇一起倒入锅里。撒一些面粉，用盐和胡椒调味，倒入鱼汤和葡萄酒。把火关小，炖 20 分钟。用漏勺把鱼片捞出，放到上菜的盘子上，保温备用。从锅中把香草挑出去丢掉。在碗中均匀地搅拌蛋黄和柠檬汁，倒入锅中。用小火不断搅拌，直到酱汁变得浓稠，但注意不要煮沸。用勺子舀出酱汁，淋在鱼上，即可上桌。

食材分量：10 人份
准备时长：30 分钟
烹饪时长：40 分钟

黄油
500 克梭子鱼片
1 个红葱头，切碎
30 毫升白兰地
5 个鸡蛋
15 克精白砂糖
500 毫升双倍奶油
150 克奶油奶酪
盐

酱汁：
15 毫升橄榄油
1 个红葱头，切碎
2 根胡萝卜，切块
30 克混合碎欧芹、百里香和山萝卜
300 毫升干白葡萄酒
500 毫升蔬菜汤（见第 85 页）
20 克黄油
45 毫升双倍奶油
50 克奶油奶酪
盐和胡椒

替代鱼类：三文鱼

268页   270页   276页

梭子鱼慕斯
Mousse di luccio

预热烤箱至 180 摄氏度。为 10 个小模子刷上黄油。在平底锅中融化 15 克黄油。放入红葱头，小火轻炒 3 分钟，直到葱头变软。放入鱼片，加热约 10 分钟。倒入白兰地，退后，开大火点燃。火焰熄灭后，把锅从火上移开，静置冷却后，将锅中做熟的食材放入料理机。

将 160 克黄油放在炖锅中融化。把融化好的黄油、鸡蛋、糖、奶油、奶酪和少量盐放入料理机，搅拌均匀。把搅拌好的食材用筛子过滤到碗中，然后灌到准备好的小模子里。用锡箔纸包好，放到 1 ~ 2 个烤盘上，在烤盘中倒入一半深度的热水，烘烤 30 分钟。

同时，做酱汁。在炖锅中热橄榄油，放入红葱头、胡萝卜和香草，小火轻炒约 5 分钟。倒入葡萄酒，继续煮，直到收汁完成——只剩大约 30 毫升的液体；再放入汤，煮沸之后再煮 5 分钟。将锅从火上拿下来，将过滤后的汤汁倒入一个干净的炖锅，再放回到火上，继续煮，直到汤汁变得浓稠。放入黄油和奶油，用盐和胡椒调味，再加入奶酪。将酱汁用滤网过滤。将做好的鱼慕斯放到单独的小碟子中，用勺子舀上酱汁，即可上桌。

食材分量：6 人份
准备时长：50 分钟
烹饪时长：25 分钟

黄油
1 条 1 千克的鲑鳟，清理干净，去皮切片
2 个蛋黄
15 克土豆淀粉
200 毫升双倍奶油
15 克碎欧芹
1 个番茄，去皮去籽，切成小块
盐和胡椒

配菜：
25 克黄油
2 根芹菜，切成细条
1 个西葫芦，切成细条
2 根胡萝卜，切成细条
1 根韭葱，切成细条
盐和胡椒

酱汁：
500 毫升鱼汤（见第 68 页）
15 克土豆淀粉
少量藏红花丝，稍微碾碎
50 毫升双倍奶油
100 毫升干白葡萄酒
25 克黄油
盐和胡椒

替代鱼类：三文鱼、鳟鱼

268页   270页   276页

香烤鲑鳟鱼饼
Timballo di trota salmonata

预热烤箱至 180 摄氏度。在 6 个小模子里刷上黄油，将鱼切成片，放入料理机，用盐和胡椒调味，再搅拌成泥。放入蛋黄、土豆淀粉和 200 毫升奶油，再次搅拌。把搅拌好的食材平均分到小模子里，把小模子放到烤盘上，在烤盘中倒入一半深度的热水，烘烤 20 分钟。

接下来做配菜。在大煎锅或长柄平底锅中融化黄油，放入芹菜、西葫芦、胡萝卜和韭葱，用中高火持续翻炒 5 分钟，直到蔬菜变软但没有变色，用盐和胡椒调味。把锅从火上取下，盖上锅盖，保温静置。

最后做酱汁。把土豆淀粉放到鱼汤中搅拌，用中低火煮沸，持续搅拌。放入藏红花和奶油，再次烧开，用盐和胡椒调味。倒入葡萄酒，再次煮沸，慢炖若干分钟。把锅从火上移开，放入黄油搅拌。用勺子舀出来一些酱汁放到一个加热过的上菜盘子里，再把配菜盛出来，摆在盘上。从烤箱中取出小模子，轻轻地把鱼饼取出，放到配菜上。撒上碎欧芹，并用番茄装饰。把剩下的酱汁倒入酱碟，一起上桌。

食材分量：6 人份
准备时长：20 分钟 +1 小时静置
烹饪时长：25 ~ 35 分钟

橄榄油
900 克鲑鳟鱼片
350 克碎南瓜
30 克精白砂糖
15 毫升香醋
100 克山葵，去皮粗切
50 克去皮核桃
盐和胡椒

替代鱼类：三文鱼、北极红点鲑

268页 270页 276页

煎鲑鳟配山葵南瓜泥
Trota salmonata con salsa di zucca e rafano

把南瓜放到耐热的盘子里，放到蒸锅中，蒸 20 分钟。完成后，把南瓜取出，用过滤网将南瓜过滤到一个碗里。放入糖和香醋，加盐调味，静置至少 1 小时。将山葵和核桃放到搅拌机或料理器中加工，然后将打碎的混合物放入南瓜泥中搅拌。加入 30 ~ 45 毫升橄榄油调味。

给大的不粘锅或长柄平底锅刷上橄榄油，中火加热。放入鱼片，每一面煎 3 分钟（可能需要分批煎鱼）。用盐和胡椒调味，立即上桌。南瓜泥单独上桌。

见右页配图

食材分量：4 人份
准备时长：15 分钟
烹饪时长：20 分钟

45 毫升橄榄油
1 千克鲑鳟，去鳞，清理干净
37.5 克无核葡萄干或金葡萄干
1 个小洋葱，切碎
1 根芹菜，切碎
1 颗蒜瓣，切碎
1 根迷迭香
1 个柠檬的柠檬皮，切碎
60 毫升白葡萄酒醋
250 毫升鱼汤（见第 68 页）
30 克普通面粉
盐和胡椒

替代鱼类：三文鱼、红鲻鱼

268页

皮埃蒙特式炖鲑鳟
Trota salmonata alla piemontese

将无核葡萄干或金葡萄干放入小碗里，倒入温水，浸泡备用。将橄榄油倒入煎锅或长柄平底锅中，加入洋葱、芹菜、蒜和迷迭香，小火轻炒 5 分钟。挤干葡萄干中的水分。在锅中放入鱼，撒上切碎的柠檬皮和葡萄干，加入醋和鱼汤，用盐和胡椒调味，慢炖约 10 分钟。用锅铲将鱼捞出，把鱼片盛到一个加热过的盘子里。丢掉锅中的迷迭香，再倒入 100 毫升温水，撒上面粉，慢炖，不断搅拌，直到汤汁变得黏稠。用勺子舀出汤汁，淋在鱼片上，立即上菜。

食材分量：6 人份
准备时长：40 分钟
烹饪时长：40 分钟

黄油
200 克烟熏鲑鳟，切碎
50 克普通面粉
500 毫升牛奶
少量新鲜肉豆蔻
2 个鸡蛋，蛋白蛋黄分离
45 毫升双倍奶油
30 克碎白杏仁
盐和胡椒

蔬菜：
25 克黄油
500 克酸叶草，去茎去梗
500 克菠菜，去茎去梗
15 毫升双倍奶油
盐和胡椒

替代鱼类：三文鱼、北极红点鲑

烟熏鲑鳟配杏仁与青菜

Trota salmonata affumicata con mandorle ed
erbe

在炖锅中融化 50 克黄油，加入面粉不断搅拌，小火加热 2
分钟。把锅从火上移开，慢慢加入牛奶搅拌，每次不要倒入
太多。放入一小撮肉豆蔻。将锅放回火上烧开，不停搅拌，
直到汤汁变得十分浓稠，然后熄火冷却。

同时，将烤箱加热至 220 摄氏度。在 6 个小模子中刷上黄油。
将鱼和蛋黄与冷却的汤汁一起搅拌，用盐和胡椒调味。将蛋
白放入无油的碗中，搅拌至稠状，然后拌入调好的鱼汁中。
将调制好的备料平均地倒入准备好的小模子，把小模子放入
烤盘，在烤盘中倒入一半深度的热水，烘烤 25 分钟。

接下来准备蔬菜。在炖锅中融化黄油，放入酸叶草和菠菜，
小火轻炒 5 ~ 10 分钟。用盐和胡椒调味，拌入奶油，然后
把锅从火上移开。把蔬菜盛到耐热盘子里，铺好。从烤箱中
取出烤盘，把温度调低至 180 摄氏度。把鱼从小模子里取出，
放在蔬菜上，淋上奶油，再撒上杏仁。烘烤约 15 分钟，然
后立即上桌。

见左页配图

食材分量：4 人份
准备时长：10 分钟
烹饪时长：10 分钟

2 条 500 克的鲑鳟，清理干净
普通面粉
80 克黄油
12 片新鲜鼠尾草叶
盐

替代鱼类：北极红点鲑、三文鱼

268页

鼠尾草烤鲑鳟
Trota salmonata alla salvia

预热烤箱至 200 摄氏度。在鱼的肚子里，轻轻撒上盐调味，再撒上一些面粉。把鱼放到烤盘中，铺上一层即可。将融化好的黄油倒在鱼上，放入鼠尾草叶，烘烤 10 分钟，中途取出盘子，给鱼浇一次烤盘中的汤汁。将盘子从烤箱中取出，立即上桌。

见右页配图

食材分量：4 人份
准备时长：15 分钟
烹饪时长：25 分钟

30 毫升橄榄油
650 克鲟鱼片
1 把欧芹，切碎
30 克鼠尾草，切碎
15 克迷迭香，切碎
1 颗蒜瓣，切碎
120 克意式熏火腿，切片
1 个红葱头，切碎
200 毫升干白葡萄酒
盐和胡椒

替代鱼类：梭子鱼、鲤鱼

268页   270页   276页

砂锅鲟鱼
Storione aromatico al forno

将欧芹、鼠尾草、迷迭香和蒜在一个大盘子中搅拌。用盐和胡椒给鲟鱼调味，然后把鲟鱼放入混合好的香草中，直到它完全裹上一层香草。用意式熏火腿把鱼卷起来，用厨房细绳扎紧。预热烤箱至 180 摄氏度。把橄榄油倒入防火砂锅里，放入红葱头，小火轻炒约 3 分钟。把鱼放入锅中，偶尔翻面，直到两面全部变成棕色。倒入葡萄酒，煮至酒精蒸发。用锡箔纸裹住砂锅，用叉子在上面戳几个洞，放入烤箱烘烤约 20 分钟。关火，揭开锡箔纸，让砂锅在逐渐冷却的烤箱中静置若干分钟，然后把锅从烤箱中取出，把鱼盛到上菜用的盘子里，立即上桌。

见左页配图

食材分量：4 人份
准备时长：20 分钟
烹饪时长：35 分钟

橄榄油
1 条 1 千克的鲟鱼，去鳞，清理干净
4 根欧芹
200 克洋葱，切薄片
15 克红辣椒
100 毫升干白葡萄酒
100 毫升淡奶油
盐和胡椒

替代鱼类：北极红点鲑、大西洋鳕鱼

268页

红辣椒烤鲟鱼
Storione alla paprica

预热烤箱至 240 摄氏度，给烤盘刷上橄榄油。用盐和胡椒给鱼的里外调好味，把欧芹放入鱼的腹腔。将洋葱撒在盘上，把鱼放在上面，再撒上辣椒，淋上橄榄油。烘烤 15 分钟，然后将盘子从烤箱中取出，将葡萄酒倒在鱼上。再次把盘子放入烤箱，再烘烤约 15 分钟。结束后，将盘子从烤箱取出，将鱼盛在上菜用的盘子里，保温备用。将汤汁倒入炖锅，放入鲜奶油，开小火，不断搅拌，直到汤汁变得浓稠。将汤汁浇在鱼上，立即上菜。

食材分量: 4 人份
准备时长: 15 分钟
烹饪时长: 30 分钟

30 毫升橄榄油
1 千克鲟鱼排
20 克黄油
25 克培根, 切条
250 毫升蔬菜汤 (见第 85 页)
1 个柠檬, 榨汁滤净
盐和胡椒

替代鱼类: 梭子鱼、三文鱼

268页   270页

清炖鲟鱼
Storione in umido

把鲟鱼去皮, 用培根包裹起来, 用厨房细绳扎紧, 用盐和胡椒调味。在防火砂锅中用橄榄油融化黄油, 放入鲟鱼, 小火煎, 翻一次面, 直到两面变成棕色。倒入一半汤, 慢炖约 30 分钟, 再倒入一些汤。淋上柠檬汁, 再把砂锅从火上移开。用盐和胡椒调味之后, 立即上桌。

食材分量: 4 人份
准备时长: 15 分钟
烹饪时长: 45 分钟

15 毫升橄榄油
250 克鳟鱼, 去皮切片
35 克黄油
1 个红葱头
200 克菊苣
300 克意式烩饭米
500 毫升鱼汤 (见第 68 页)
盐和胡椒

替代鱼类: 三文鱼、鲭鱼

268页   270页   276页

意式鳟鱼烩饭
Risotto alla trota

预热烤箱至 180 摄氏度。在烤盘中倒入橄榄油, 加入鱼, 用盐和胡椒调味。放入烤箱, 烤 15 分钟。同时, 在炖锅中用中低火化开黄油, 放入红葱头, 翻炒 5 分钟, 直到红葱头变软。放入菊苣, 再加热 5 分钟。放入米, 搅拌若干分钟, 然后加入鱼汤, 每次一勺, 不断搅拌, 直到米半熟 (约 8 分钟)。放入烤好的鳟鱼片, 继续煮 10 分钟, 直到米粒变得柔软但仍然有嚼劲。立即上桌。

食材分量：4 人份
准备时长：10 分钟
烹饪时长：25 分钟

22.5 毫升橄榄油
4 条鳟鱼，清理干净
3 个橙子，榨汁滤净
5 ~ 6 个青橄榄，去核
2 根欧芹
15 克刺山柑，洗净
1 根黄瓜
20 克黄油
120 毫升白兰地
2 个蛋黄
盐和胡椒

替代鱼类：三文鱼、北极红点鲑

268页

橙汁酱配清炖鳟鱼
Filetti di trota al mandarancio

向炖锅中倒入一些水，加入三分之一的橙汁、一撮盐和 15 毫升橄榄油，然后把鱼放进去。煮沸之后，调小火，再把鳟鱼煮 10 分钟。

同时，准备酱汁。用锅铲把鱼放到切菜板上，去掉鱼皮，将鱼片从骨头上剥下，放入加热过的盘子里，保温备好。切碎橄榄、欧芹、刺山柑和黄瓜。在小炖锅中用剩下的橄榄油化开黄油，放入切碎的香草和蔬菜，小火轻炒 2 ~ 3 分钟。倒入白兰地和剩下的橙汁。煮开之后，再煮 5 ~ 10 分钟，直到完成收汁。转小火，迅速放入蛋黄并搅拌，但不需要完全煮开。将锅从火上移开，用盐和胡椒调味，把酱汁倒在鳟鱼上，马上上桌。

食材分量：4 人份
准备时长：15 分钟
烹饪时长：20 分钟

4 条鳟鱼，去鳞，清理干净
普通面粉
40 克黄油
40 克杏仁片
1 个柠檬，榨汁滤净
15 克碎欧芹
盐和胡椒

替代鱼类：鲭鱼、三文鱼

268页

香煎鳟鱼配杏仁
Trota alle mandorle

在鳟鱼上撒上面粉，把多余的面粉抖掉。在大煎锅或长柄平底锅中融化黄油，放入鱼，中火每面煎 6 ~ 7 分钟，直到每一面完全煎熟，变成棕色。将鱼挪到上菜用的盘子里，保温备好。把杏仁放入锅中，不断翻炒 2 分钟，然后放入柠檬汁、欧芹，并用盐和胡椒调味。将炒好的配料撒在鱼上，立即上菜。

食材分量：4 人份
准备时长：10 分钟
烹饪时长：15 分钟

4 片鳟鱼片
一大撮藏红花丝，稍微碾碎
100 毫升双倍奶油
25 克黄油
1 个红葱头，切成碎末
30 毫升马尔萨拉白葡萄酒
45 克开心果，烤熟切碎
盐和胡椒

替代鱼类：北极红点鲑、鲑鳟

 268页 270页 276页

香煎鳟鱼佐藏红花与开心果
Trota in giallo

把藏红花放在小碗里，加入 30 毫升奶油搅拌，之后放在一旁备用。在煎锅或长柄平底锅中化开黄油，放入红葱头，小火轻炒约 5 分钟。放入鱼，鱼皮的那面朝下，把火调大，再煎 10 分钟。淋上葡萄酒，继续煎，直到酒精完全蒸发。然后放入开心果、剩余的奶油和藏红花混合物。用盐和胡椒调味，轻轻地搅拌若干分钟，直到汤汁变得浓稠。将鱼片盛到上菜用的盘子中，用勺子把酱汁浇在鱼上，立即上菜。

见右页配图

食材分量：4 人份
准备时长：15 分钟
烹饪时长：20 分钟

8 片鳟鱼片
1 根胡萝卜，切成圆片
1 片月桂叶
1 根百里香
2 根欧芹
200 毫升干白葡萄酒
200 毫升白葡萄酒醋
4 颗杜松子
盐

替代鱼类：乌鲻鱼、鲭鱼

 268页 270页 276页

蒸鳟鱼配杜松子酱汁
Trota al ginepro

将胡萝卜、月桂叶、百里香和欧芹放入炖锅中，倒入 500 毫升水，烧开。将鱼片放入蒸屉，架在炖锅上，蒸 10 分钟。把蒸屉移走，开大火收汁。同时，把鱼从蒸屉中取出，用厨房用纸吸干水，放到盘里。锅中的汤汁收尽之后，加入葡萄酒、醋、杜松子和一小撮盐。再次烧开，然后把锅移开，将酱汁浇在鳟鱼上。静置冷却至室温后，立即上桌。

食材分量：4 人份
准备时长：15 分钟
烹饪时长：15 ~ 20 分钟

橄榄油
4 条 225 克的鳟鱼，去鳞，清理干净
2 颗蒜瓣，切碎
2 根迷迭香，切碎
2 根鼠尾草，切碎
2 根百里香，切碎
2 根马郁兰，切碎
2 根薄荷，切碎
盐和胡椒

替代鱼类：乌鲻鱼、鲭鱼

268页

香烤鳟鱼
Trota alle erbe

在烤架上刷好橄榄油。在碗中搅拌蒜和香草，用盐和胡椒调味，再混入 15 毫升橄榄油。将调好的香草料汁放入鳟鱼的肚子。用盐和胡椒给鳟鱼调味，然后刷上大量的橄榄油。将鳟鱼放在准备好的烤架上，并准备好足量的橄榄油。用中火烤 10 ~ 12 分钟，然后翻面，再刷上一点橄榄油，再烤 5 分钟，直到肉质变得松散，容易掉落。把鱼分别装在单独的盘子里，立即上桌。

注意：如果在烧烤的过程中放入一点薄荷和迷迭香，香味会更加浓郁诱人，鳟鱼的味道也会因此变得更有层次。

见左页配图

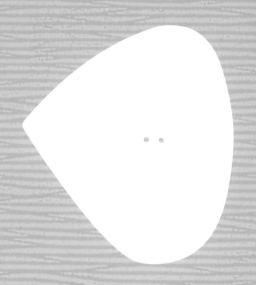

龙虾
第 196 页，食谱见第 208~211 页

章鱼
第 203 页，食谱见第 239~241 页

鱿鱼
第 197 页，食谱见第 212~217 页

海胆
第 204 页，食谱见第 242~243 页

扇贝
第 198 页，食谱见第 217~221 页

挪威海螯虾
第 205 页，食谱见第 244~247 页

贻贝
第 199 页，食谱见第 221~225 页

墨鱼
第 206 页，食谱见第 248~252 页

大虾或小虾
第 200 页，食谱见第 226~232 页

蛤蜊
第 207 页，食谱见第 253~255 页

螃蟹
第 201 页，食谱见第 233~235 页

其他海鲜
食谱见第 256~265 页

牡蛎
第 202 页，食谱见第 236~238 页

海鲜

SEAFOOD

海鲜主要分为两大类：甲壳动物和软体动物。大多数海鲜都含有丰富的钙、镁、钠、氯化物、碘、Omega-3 脂肪酸，以及最重要的铁元素。

甲壳动物的体表覆盖着构造复杂的甲壳——龙虾、螃蟹和虾都属于甲壳动物。海鲜店会供应鲜活、现宰、煮熟或者冷藏的这类海鲜。它们一般拥有鲜甜细腻的味道，深受世界各地人们的喜爱。龙虾和挪威海螯虾需要仔细烹饪，它们适合水煮和烤；而体形较大的螃蟹一般用于水煮。虾可以油炸、清炖和烤。甲壳动物的肉质饱满，与调味黄油、香料等各种配料相配。

软体动物可以分成三类。第一类是腹足类动物（单壳软体动物），玉黍螺、海螺、鲍鱼都属于这一类。第二类是滤食类动物（双壳软体动物），比如蛤蜊、贻贝、扇贝和牡蛎，这类动物的最大特点是体外有两片外壳包裹，由强力的闭壳肌紧紧相连。它们依靠过滤水中的浮游生物来摄取营养。这类海鲜必须在鲜活状态下烹煮，因为它们死掉后会迅速腐坏。第三类是没有外壳的头足类动物，包括鱿鱼、章鱼和墨鱼。这类海鲜适合的烹饪方式最为多样。

无论是哪种海鲜，它们在烹饪之前都必须是新鲜的。请务必在可靠的供应商处购买海鲜，不要自己在海边捕捉海鲜。买回来的鲜活海鲜在烹饪之前需要先用水养着。食用不新鲜的海鲜可能会引起食物中毒。冷冻的海鲜则需要尽快解冻和烹饪。

龙虾

意大利语名：Astice（欧洲龙虾）、
Aragosta（龙虾）
学名：海螯虾科（*Nephropidae*）

平均重量：300 克 ~ 2 千克
平均尺寸：50 ~ 90 厘米

相关食谱：第 208 ~ 211 页

龙虾是最美味和最受人喜爱的甲壳类海鲜之一。生活在不同地区的龙虾拥有不同的外壳颜色，但煮熟的龙虾都会呈现鲜艳的珊瑚红色。欧洲龙虾和美洲龙虾（上图）都拥有巨大的螯钳，前者的外壳是深蓝色的，后者是深绿色的。岩龙虾的外壳多刺，而且没有螯钳。部分国家的龙虾存在生存危机，但总体而言龙虾的供应是比较稳定的。大虾是价格较低的龙虾替代选择。

市场上可以买到鲜活、现煮或冷冻的龙虾。有时候龙虾尾会切出来单独售卖。鲜活龙虾可以切成两半烤或整只水煮。一人适合使用 700 ~ 900 克的龙虾，如果多人分享则需要使用 1 ~ 1.2 千克的龙虾。越大的龙虾需要的烹饪时间越长，一般每 500 克的龙虾需要 10 分钟的烹饪时间。请注意不要水煮太长时间，因为这样会使龙虾肉变硬。尽量避免买过重的龙虾（超过 1.5 千克），因为它们的年龄较大，肉质也会比较老。最好不要买带有龙虾卵的雌龙虾。

如果要水煮鲜活的龙虾，应该先把龙虾放进冰箱冷冻一段时间，然后放入开水中，立刻盖上盖子，等水重新烧开之后开始计算烹饪时间。也可以先将龙虾水煮片刻，然后切成两半放在烤架上。将龙虾水煮做熟后应该马上将其放入冰水中，然后用刀尖清理掉深色的肠道，并去掉眼睛后面的胃囊。

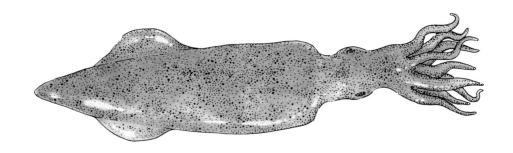

鱿鱼

意大利语名：Calamaro
学名：枪鱿科（*Loligo forbesi*）

平均重量：50 ～ 750 克
平均尺寸：10 ～ 90 厘米

相关食谱：第 212 ～ 217 页

鱿鱼的种类有很多，所有鱿鱼都有一层外套膜（也就是通常所说的鱿鱼筒），它们身上的两片鳍就像是一对翅膀。鱿鱼体内有一根半透明、形似羽毛的软骨。鱿鱼其实也是会喷墨的，它的墨汁会被用来给意面或米饭上色。鱿鱼的体外包裹着一层浅棕色的薄膜，新鲜的鱿鱼肉是纯白色的，在腐坏之后会变成浅粉色。因为鱿鱼生活在世界各地的海洋中，所以它是最被广泛食用的海鲜之一，但它们在一些国家没有得到很好的利用。

我们可以买到鲜活的鱿鱼或者处理过的冷冻鱿鱼筒和触须。在处理新鲜鱿鱼时，可以将鱿鱼筒展开完整烹饪，也可以将其切成小块或者鱿鱼圈。无论是香煎、烤还是油炸，鱿鱼都只需要几分钟就能做熟。请避免把鱿鱼做得过熟，因为这样会使鱿鱼肉变硬，如同橡胶一般难嚼。鱿鱼可以风干、烟熏，或者煮熟后用盐水浸泡保存。

一道备受喜爱的意大利鱿鱼菜式是虾味夹馅鱿鱼，小鱿鱼通常会被做成炸拼盘，比如酥炸海鲜和蔬菜。鱿鱼一般可以用墨鱼来代替，有时也可以用章鱼来代替。

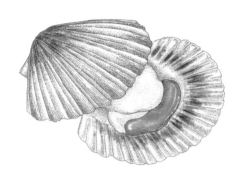

扇贝

意大利语名：Capesante
学名：扇贝科（*Pectinidae*）

平均尺寸：宽 7 厘米

相关食谱：第 217 ~ 221 页

扇贝拥有扇形的波纹外壳，外形美观，是一种广受欢迎的贝类。扇贝属于双壳软体动物，但跟其他软体动物不一样的是，它们主要生活在较深的海域，而且它们能通过主动排出水流来实现自由移动。扇贝可以野生捕捞或养殖。与大规模拖船捕捞相比，潜水徒手捕捉扇贝会对环境更加友好。如果买不到帝王扇贝的话，可以用体形较小的女王扇贝来代替，鮟鱇脸颊肉也是不错的替代食材。

打开新鲜的扇贝可以看到它的"裙边"、腮腺和肠道，这些都是需要去掉的。扇贝可以吃的精华是中间圆柱形的白色贝肉（闭壳肌）和珊瑚红色的生殖腺。白色的贝肉鲜嫩多汁，而生殖腺会带有一种强烈的味道，有些地方的人会将其一并丢弃。做好的扇贝一般是带壳上菜的，所以就算你买的是已经处理好的扇贝，也应该让鱼店把扇贝壳提供给你。

扇贝最简单的烹饪方法是香煎，煎过的扇贝肉外焦里嫩，特别香甜。扇贝可以搭配蛋黄酱，或者橄榄油和柠檬汁食用，也可以跟蔬菜一起做成串烧，比如串烧扇贝。在意大利，扇贝经常会被加到意面酱之中，或者用鼠尾草黄油简单香煎。

贻贝

意大利语名：Cozze
学名：紫贻贝（*Mytilus edulis*）

平均尺寸：6 厘米

相关食谱：第 221 ~ 225 页

贻贝是一种深受喜爱的双壳软体动物，拥有蓝黑色的椭圆形外壳。根据生活地方的不同，贻贝肉的颜色也不同，从棕褐到浅灰都有。贻贝可以在野外捕捞，也在各地的海床大规模养殖。人们普遍认为贻贝是可持续性最高的海鲜种类之一。

贻贝全年供应不断，你可以买到带壳的活贻贝、预先做熟的贻贝、用盐水或醋浸泡的罐头贻贝，或者烟熏贻贝。虽然市面上供应的大多数贻贝都是养殖的，比较干净，但它们也应当在流动的冷水中彻底清洗，不要把它们浸泡在水中。活贻贝在买回来之后应该尽快处理和食用，不过也可以在有覆盖的情况下短时间存放在冰箱中，但切记不能让活贻贝直接与水接触，因为这样会导致它们迅速死亡。请丢掉外壳出现破损，或者张开后再触碰无法迅速合上的贻贝。

贻贝肉的味道鲜甜，口感嫩滑，可以用柠檬和欧芹清蒸，或在做馅后烘焙，做成一道经典意式开胃菜。贻贝可以用蛤蜊来代替。

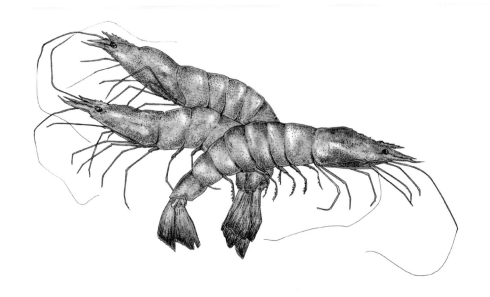

大虾或小虾

意大利语名: Gamberi、Gamberetti
学名: 长额虾属（Pandalus）、
对虾属（Penaeus）

平均重量和尺寸因种类而异

相关食谱: 第226～232页

虾是全球消费量极大的一种海鲜，可以在野外捕捞，也在全球各地大规模养殖。"shrimp"一词在美国指的是所有种类的虾，但是在其他英语国家，这个词只用于几种体形较小的虾。活虾有各种各样的颜色，但大多数种类的虾在煮熟后都会变成粉橘色。大虾捕捞和养殖的方式已经引起了很多关于环境和可持续的问题，但有部分供应来源是比较稳定的。对于对虾过敏的人来说，鮟鱇或扇贝是很好的替代食材。

你可以买到带壳或去壳的熟虾或生虾，偶尔也能买到活虾。虾体内的虾线应该先去掉，因为其中的杂质会产生不好的味道。

与其他味道浓烈的冷水甲壳动物相比，虾的肉质更为紧实清甜，适合用来烤或香煎，搭配柠檬和橄榄油上菜。虾应该带壳烤，因为这样虾肉不容易被烤干。请注意不要把虾肉煮得过熟，因为这样会让虾肉变硬。虾壳是制作汤的绝佳原材料，用于意大利烩饭或煮汤都很不错。

螃蟹

意大利语名：Granchio、Granceola
学名：黄道蟹科（*Cancridae*）

平均重量：100 克 ~ 2 千克

相关食谱：第 233 ~ 235 页

螃蟹的足迹遍布世界各地，而且品种丰富多样，深受各国民众的欢迎。锯缘青蟹最适合用来煮汤，珍宝蟹（上图）拥有特别鲜甜美味的蟹肉，褪壳时期的滨蟹（软壳蟹）是一种不可多得的食材，帝王蟹丰富饱满的腿肉则让人欲罢不能。大多数螃蟹都是可持续捕获的，因为活蟹会自行上岸。龙虾和虾是不错的螃蟹替代食材。

螃蟹的体内有两种肉：白肉是从蟹腿、螯钳和身体中间取出来的肉，棕肉是位于蟹壳上的肉，其中包含螃蟹的主要器官。鲜甜美味的白肉通常会更受欢迎，而棕肉会带有更浓烈的风味。

你可以买到活螃蟹、整只做熟的螃蟹，以及做熟且拆好肉的螃蟹（不能吃的部分已经去掉）。另外市面上也有巴氏消毒过的罐头蟹肉出售（白肉和棕肉通常会分开）。煮熟的螃蟹一定要从可信的供应商处购买，而且要挑选带有新鲜海鲜香气的螃蟹。给煮熟的螃蟹拆肉的方法是：将螃蟹的底部朝上，拔下螯钳和蟹脚，去掉腹部的蟹掩；用刀插进上下两层蟹壳之间，通过旋转刀身来撬开蟹壳，用拇指完全掰开上下两层蟹壳；去掉灰色的蟹鳃；用勺子将棕肉挖出来放在碗里；用锋利的刀将下面的身体切成两半，然后仔细把其中的蟹肉挑出来；最后，用力按一下眼睛后面的部位，把头部和胃囊去掉，挖出剩下的棕肉。

牡蛎

意大利语名：Ostrice
学名：牡蛎科（*Ostreidae*）

平均重量：牡蛎在养殖时会根据尺寸来分级，
不同分级的重量从 50 ~ 110 克不等。欧洲
牡蛎的尺寸以 1 级表示最大。

相关食谱：第 236 ~ 238 页

太平洋牡蛎的外壳呈椭圆形，欧洲牡蛎呈扁平的圆形，美洲牡蛎（上图）与欧洲牡蛎相似。牡蛎通过过滤大量海水来获取营养物质，它们拥有异常强大的闭壳肌，使得它们难以开启。很多品种的牡蛎（特别是太平洋牡蛎）都有大规模养殖。牡蛎在捕捞后必须在干净的淡水中养一段时间，这样才能确保食用安全。

市面上会销售活牡蛎、盐水罐头牡蛎和烟熏牡蛎。活牡蛎在买回家后应保持低温遮盖储藏，同时应该将平坦的一面外壳朝上放置，这样可以避免牡蛎体内盐水的流失。打开牡蛎的方法有好几种。如果选择撬开的话，应该使用专门的牡蛎刀来操作，因为用普通的小刀很容易弄断刀刃，伤到自己。如果要做煮熟的牡蛎，可以先将其放入高温的烤炉中加热片刻，让牡蛎自己打开。

牡蛎本身的味道很大程度取决于它们的进食习惯——不同的牡蛎可能会带有金属、青草或坚果的味道。不同品种和季节的生牡蛎口感也会不一样，有的比较嫩滑，有的比较紧实。牡蛎在夏季的肉质通常会变得更嫩滑一些。牡蛎最常见的吃法是搭配一块柠檬直接生吃，意大利某些地区会用橄榄油、面包屑和欧芹来焗牡蛎。

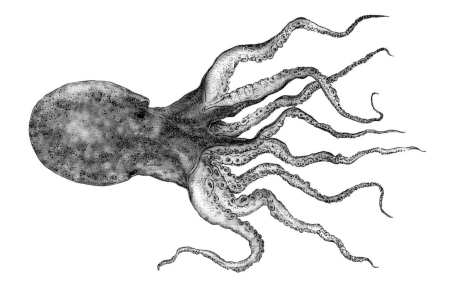

章鱼

意大利语名：Polpo
学名：真蛸（*Octopus vulgaris*）

平均重量：750 克～ 1.3 千克
平均尺寸：50 ～ 100 厘米

相关食谱：第 239 ～ 241 页

大多数种类的章鱼都生活在较温暖的海洋里。章鱼作为食材在地中海地区和日本特别受欢迎。跟其他头足类动物不一样的是，章鱼体内没有内贝壳，但有八只长长的触手。地中海章鱼的触手上一般有两排吸盘，其中经常会含有沙砾。部分地区的章鱼面临过度捕捞的问题。章鱼可以用墨鱼和鱿鱼来代替。

你可以买到鲜活的章鱼，或者清洗干净的冷藏章鱼，但一般是没有去皮的。清洗章鱼的方法是：反复用力将章鱼摔在坚硬的表面上，或者交替将其浸泡在沸水和冰水中，这样做可以逐渐破坏章鱼肉的蛋白质结构；完成上述步骤后，仔细清洗章鱼的触手，期间需要多次换水，直到所有沙砾都被去掉。

体形较大的章鱼适合小火慢煮，比如用砂锅慢炖。体形较小的章鱼可以用来烤、油炸或者清炖。章鱼也可以先用清水煮熟，然后切成薄片，最后浇上橄榄油、柠檬汁、蒜末和欧芹，一道那不勒斯风味小章鱼就做好了。

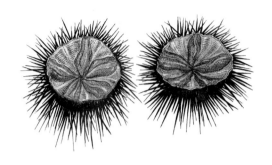

海胆

意大利语名: Riccio di mare
学名: 海胆科(*Echinidae*)

平均重量: 50 ~ 250 克
平均尺寸: 因品种而异, 最大可达 15 厘米

相关食谱: 第 242 ~ 243 页

海胆在家庭料理中并不常见, 但是在意大利、西班牙、法国和日本的传统料理中都能看到海胆的身影。海胆的外壳上布满棘刺, 人们平常所吃的是埋藏在这些棘刺里面的生殖腺, 也就是通常所说的海胆黄。海胆的食用季节是晚春到秋季, 这是它们的生殖腺发育最饱满的时候。海胆在某些特别受欢迎的地方面临着过度捕捞的问题, 由于海胆的味道口感都十分独特, 所以很难找到特别相近的替代食材, 不过我们可以尝试用鲱鱼子(口感接近)和三文鱼子(颜色接近)来代替。

市场上一般供应的是活海胆。由于棘刺较多, 处理活海胆需要格外小心。具体的处理方法是: 将海胆底面朝上放置, 用剪刀将海胆口面的圆盘剪下来, 将海胆体内的液体倒掉, 并将其中所有的黑色部位取出并丢弃, 最后用茶匙把海胆黄逐一挖出来。

海胆黄呈鲜艳的橙黄色, 带有一种浓烈的海鲜味, 口感黏稠。海胆一般用来生吃——淋上一点柠檬汁后直接从海胆壳里舀出来吃。海胆不适合长时间烹煮, 海胆黄也可以加入黏稠的酱汁、煎蛋卷和意面来提升鲜味, 比如意式扁面配番茄海胆黄酱。

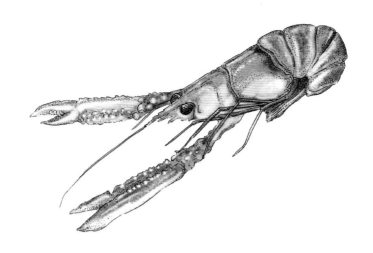

挪威海螯虾

意大利语名: Scampo
学名: 挪威海螯虾 (*Nephrops norvegicus*)

平均重量: 50 ~ 225 克
平均尺寸: 8.5 ~ 35 厘米

相关食谱: 第 244 ~ 247 页

挪威海螯虾的外壳呈珊瑚红色, 经煮熟后颜色会稍微变淡。它们拥有修长的螯钳、细小的虾足和较长的头部, 外壳占据了大部分体重。挪威海螯虾在美国并不常见, 它们可以用新鲜大虾或龙虾来代替。

挪威海螯虾是意大利人喜爱食用的一种甲壳类动物。市场上会出售鲜活或冷藏的挪威海螯虾, 无论是生的还是已经做熟的, 都要确保新鲜和冷藏。请注意不要食用不新鲜的挪威海螯虾, 它们的肉很容易腐坏。挪威海螯虾唯一能吃的部位是尾部的肉, 这种肉质非常细腻、味道香甜, 跟龙虾肉类似。煮熟后的挪威海螯虾会更容易剥壳, 不过有些食谱的做法需要将它们先去壳再烹饪。

挪威海螯虾可以放入汤中清炖, 切成两半烤。挪威海螯虾的烹饪时间长短取决于它们的体形大小。如果放入沸水中煮熟的话, 请在水重新沸腾后再煮 5 分钟, 而用冷水煮的话则需要在水沸腾后继续煮 3 分钟。烹饪时间过长或者不新鲜的挪威海螯虾的肉质可能会变得如面粉一般。挪威海螯虾尾部的甲壳比较锋利, 不过只要轻轻捏住尾部, 然后把下面的连接处掰断就能很容易地剥壳。挪威海螯虾的壳可以捣碎后用来制作鲜美的汤或者加入橄榄油或黄油中调味。

墨鱼

意大利语名：Seppia
学名：墨鱼（*Sepia officinalis*）

平均重量：300克～1千克
平均尺寸：20～40厘米

相关食谱：第248～252页

墨鱼是一种触手较长的软体动物，体内有一块标志性的椭圆形墨鱼骨。墨鱼的身体包裹着一层带花纹的深色表皮，身体边缘有一圈带皱褶的鳍。墨鱼总共有10只触手，其中8只较为粗短，2只较长。在全球大多数海洋都能找到墨鱼的踪迹，除了北美洲的海域。墨鱼供应的季节性很强，有时候会很难买到，不过鱿鱼和章鱼都是很好的替代食材。市面上也会出售经过消毒的墨鱼汁，通常用于为意面和烩饭上色。

我们买回来的墨鱼一般是没有处理过的，处理墨鱼的方法是：先把所有触手切掉，取出位于双眼之间的腭片，分别将触手和身体上的表皮剥掉；在墨鱼背部划一刀，取出里面的墨鱼骨，然后取出墨囊，最后把墨鱼的内脏和头部丢掉。在取出墨囊的时候要格外小心，里面的墨汁一旦溅到身上将很难去除。如果你想保留墨囊，可以将其放在一小碗水中备用。

墨鱼的肉质鲜嫩，带有一种甜美的海鲜味道，可以切成薄片，然后在热黄油或热橄榄油中快炒数秒即可做熟。你也可以将整块墨鱼肉展开，然后用刀划上一些划痕（这样可以让热量传递得更快），进行简单的腌制后用来烤。墨鱼的触手肉质较硬，适合长时间的小火慢煮。

蛤蜊

意大利语名：Vongole
学名：帘蛤科（*Veneridae*）

平均尺寸：6 ～ 8 厘米

相关食谱：第 253 ～ 255 页

蛤蜊的外形圆润、肉质饱满，体内含有少量的卵子。不同蛤蜊的体形和颜色差异很大。蛤蜊通常是鲜活出售的，因为死掉的蛤蜊很容易腐坏，不过也有用煮熟蛤蜊肉做的罐头。蛤蜊买回家后应该尽快烹饪，但也可以在冰箱中短时间存放。注意不要把它们泡在清水里，这样很容易让它们死亡。

在烹饪蛤蜊之前，先在流动的冷水中彻底清洗它们，尽可能把它们身上的泥沙洗干净。仔细检查每只蛤蜊的外壳是否紧闭，或者碰一下后能否立刻合上，丢掉没有闭壳或者外壳破损的蛤蜊。捕捞于干净水域并经过正确处理的蛤蜊是可以生吃的，去壳后的蛤蜊通常会加上柠檬汁或酱汁食用。

蛤蜊通常的做法是用少量的汤、酒或水来清蒸，等待蛤蜊外壳完全打开后就说明已经熟透了。如果烹饪时间过长会导致肉质变硬。蛤蜊可以带壳上菜，或者把蛤蜊肉取出搭配酱汁或沙拉一起食用。煮过蛤蜊的汤汁可以作为酱汁使用，但需要先用棉布垫着的筛子过滤掉可能残留的泥沙。

食材分量：4 人份
准备时长：20 分钟 +2 小时冷藏
烹饪时长：10 分钟

4 只 500 克的活龙虾
2 升蔬菜汤（见第 85 页）
5 个番茄，去皮去籽，切成块
2 根芹菜，切碎
1 根罗勒，切碎
90 毫升橄榄油
半个葡萄柚，榨汁滤净
半个柠檬，榨汁滤净
50 克黑橄榄，去籽切碎
盐和胡椒

替代鱼类：挪威海螯虾、鮟鱇

龙虾葡萄柚沙拉
Astice in insalata al pompelmo

将龙虾放入塑料袋，放入冰箱冷藏 2 个小时。烧开蔬菜汤，放入龙虾，盖上锅盖，煮 10 分钟。将龙虾从锅中取出，冷却备用。将龙虾的腹部向下、腿摊开在菜板上，用一把锋利的刀从头部的中线开始切开，然后把菜板转过来，把尾巴彻底切下来，从而取出龙虾肉。把切下来的尾部打开，挖出里面的肉，用刀尖撬出黑色的肠道丢掉。折下龙虾的爪子，砸开爪子上的壳，尽可能地把爪子里大块的肉挖出来，切成块。

在一个稍大一些的沙拉碗中放入番茄、芹菜、罗勒和处理好的龙虾肉。倒入橄榄油、葡萄柚汁和柠檬汁，充分搅拌，再用盐和胡椒调味。在沙拉碗中淋上酱汁，轻轻搅拌，分装在不同的盘子上，装饰上橄榄，即可上菜。

食材分量：4 人份
准备时长：40 分钟 +2 小时冷藏
烹饪时长：1 小时 20 分钟

橄榄油
2 只 800 ～ 900 克的龙虾
2 个红灯笼椒，切半去籽
30 毫升双倍奶油
15 克碎欧芹
200 克长粒大米
半个柠檬，榨汁滤净
200 毫升干白葡萄酒
200 克芦笋尖
盐

替代鱼类：螃蟹白肉、挪威海螯虾、鮟鱇

龙虾米饭沙拉
Insalata di riso e astice

把龙虾放在塑料袋里，放入冰箱冷藏 2 小时。同时，预热烤箱至 180 摄氏度。在烤盘上刷上橄榄油，铺一层灯笼椒，多淋一些橄榄油。烤 35 ～ 40 分钟后从烤箱中取出，冷却备用。把变凉的灯笼椒的皮剥掉，将辣椒肉放入搅拌机或者食物料理机中打成糊状。将所有搅拌好的灯笼椒刮到碗中，拌入奶油、欧芹，放在一旁备用。

把龙虾放入一锅烧开的盐水中，盖上锅盖，煮 20 分钟。将龙虾从锅中取出，冷却备用。将龙虾的腹部向下、腿摊开在菜板上，用一把锋利的刀从头部的中线开始切开，然后把菜板转过来，把尾巴彻底切下来，从而取出龙虾肉。把切下来的尾部打开，挖出里面的肉，用刀尖撬出黑色的肠道丢掉。折下龙虾的爪子，砸开爪子上的壳，尽可能地把爪子里大块的肉挖出来，切成块。

把大米放入一大锅烧开的盐水中煮大约 20 分钟，然后沥干水分，用冷水冲洗干净，铺在干净的布上使其完全冷却。在小炖锅中倒入 150 毫升的水，放入柠檬汁和葡萄酒，烧开。再放入芦笋尖，煨 10 分钟，沥干备用。在一个大沙拉碗中，放入米饭、龙虾肉和芦笋尖，浇上灯笼椒奶油酱汁，即可上菜。

食材分量：4 人份
准备时长：25 分钟
烹饪时长：30 ~ 35 分钟

100 克黄油
2 只 800 克的熟龙虾
1 个洋葱，切成碎末
1 根芹菜，切成碎末
1 根胡萝卜，切成碎末
60 毫升白兰地
5 克香草芥末
1 根新鲜龙蒿，切成碎末
175 毫升干白葡萄酒
半个柠檬，榨汁滤净
盐和胡椒

替代鱼类：大虾或小虾、蟹爪

煨龙虾肉配龙虾肝酱
Aragosta in salsa di dragoncello

切开龙虾，取出龙虾肉，留下龙虾肝和肉。在炖锅中融化 50 克黄油，放入洋葱、芹菜、胡萝卜，小火轻炒 5 分钟。放入龙虾肉，炒到龙虾肉变成淡淡的棕色，然后用盐和胡椒调味。倒入 30 毫升白兰地，煮到酒精蒸发，再放入芥末和龙蒿。倒入葡萄酒，盖上锅盖，再炖 10 分钟。

把锅从火上移下来，将龙虾肉盛到上菜用的盘子里，保温备用。做酱汁。将汤汁滤到干净的炖锅中。切碎龙虾肝，放入锅中，放入剩下的黄油、白兰地和柠檬汁。开中火收汁，然后用盐和胡椒调味，用勺子舀起酱汁，浇在龙虾上，即可上菜。

见右页配图

食材分量：4 人份
准备时长：20 分钟
烹饪时长：40 分钟

黄油
1 只 1 千克的熟龙虾
45 毫升橄榄油
5 克热芥末
1 个柠檬，榨汁滤净
少量干牛至
1 根罗勒，切碎
120 毫升白兰地
120 毫升马尔萨拉白葡萄酒
100 克新鲜面包屑
盐和胡椒

替代鱼类：挪威海螯虾、大虾或小虾

烤龙虾佐芥末柠檬酱
Aragosta alla salsa di senape e limone

预热烤箱至 200 摄氏度。在烤盘上刷上黄油。将龙虾的腹部向下、腿摊开在菜板上，用一把锋利的刀从头部的中线开始切开，然后把菜板转过来，把尾巴彻底切下来，从而取出龙虾肉。把切下来的尾部打开，挖出里面的肉，用刀尖撬出黑色的肠道丢掉。折下龙虾的爪子，砸开爪子上的壳，尽可能地把爪子里大块的肉挖出来。把肉切成片，放在准备好的盘子上备用。

在碗中放入橄榄油、芥末、柠檬汁、牛至、罗勒、白兰地、葡萄酒和面包屑，充分搅拌，再用盐和胡椒调味。把酱汁浇在龙虾上，放上 40 克黄油，放入烤箱烘烤 20 分钟。烤好之后，即可上菜。

食材分量：4 人份
准备时长：45 分钟
烹饪时长：25 分钟

30 毫升橄榄油
200 克小鱿鱼，清洗干净
半个柠檬，榨汁滤净
4 个圆形小洋蓟
1 颗蒜瓣，去皮
100 毫升干白葡萄酒
5 个小番茄，每个切成四瓣
250 克螺旋意面
6 片罗勒叶，切碎
盐和胡椒

替代鱼类：墨鱼、章鱼、大虾或小虾

282页

小鱿鱼意面沙拉
Insalata di fusilli ai calamaretti

用凉自来水把鱿鱼清洗干净，去皮。盛半碗水，放入柠檬汁搅拌。去掉洋蓟外部粗糙的叶子，切成小块。在煎锅或长柄平底锅中热橄榄油，放入蒜瓣，小火轻炒若干分钟，炒到蒜开始变色，把它挑出来丢掉。放入洋蓟片，翻炒 3 分钟。倒入葡萄酒，煮到酒精蒸发，放入鱿鱼和小番茄，煮 6 分钟。有需要的话，加入 15 毫升热水。

用胡椒调味后，把锅从火上移开，把食物盛在沙拉碗里，冷却至室温。将一大锅盐水烧开，放入意面，再次烧开后继续煮 8 ~ 10 分钟，直到面变软但仍有嚼劲。沥干水分，再用凉自来水冲洗，再次沥干后放入沙拉碗。搅拌均匀，撒上罗勒，静置 5 分钟后即可上桌。

见左页配图

食材分量：4 人份
准备时长：15 分钟
烹饪时长：40 分钟

30 毫升橄榄油
800 克小鱿鱼，清洗干净
15 克盐腌刺山柑，清洗干净，切碎
1 颗蒜瓣，切碎
1 根新鲜罗勒，切碎
半个辣椒，切碎
100 毫升干白葡萄酒
1 块鲜姜，切碎
4 个熟番茄，去皮去籽，切碎
盐

替代鱼类：鮟鱇脸颊肉、小章鱼、挪威海
螯虾

282页

香辣小鱿鱼
Calamaretti piccanti

用凉自来水把鱿鱼洗干净，去皮。将刺山柑、蒜瓣、罗勒和辣椒在一个碗中搅拌均匀。在炖锅中加热橄榄油，放入调好的佐料，小火轻炒 3 ~ 4 分钟。放入鱿鱼，倒入葡萄酒，煮到酒精蒸发。再放入姜，用盐调味，盖上锅盖，煮 10 ~ 15 分钟。放入番茄，盖上锅盖，再煨 20 分钟。掀开锅盖，有需要的话用更多的盐调味，继续炖，直到收汁。将做好的鱿鱼盛到上菜的盘子中，即可上菜。

见右页配图

食材分量：4 人份
准备时长：30 分钟
烹饪时长：12 分钟

25 克黄油
12 只海胆
1 个红葱头，切成碎末
8 只鱿鱼，清洗干净
海盐和胡椒

替代鱼类：墨鱼、鮟鱇脸颊肉

282页

清炖鱿鱼与海胆
Misto di calamari e ricci di mare

打开海胆，留下汁水，用勺子挖出里面的海胆黄。把留下的汁水滤到碗中，放入冰箱备用。在大煎锅或长柄平底锅中化开黄油，放入红葱头，小火轻炒 5 分钟，直到葱头变软。用盐和胡椒调味，放入鱿鱼、海胆黄和冰箱里的海胆汁水，再放入15毫升水。盖上锅盖，煮6 ~ 7 分钟。从火上把锅拿下来，再用盐和胡椒调味。把食物盛在加热过的盘子中，即可上菜。

食材分量：4 人份
准备时长：40 分钟
烹饪时长：1 小时

橄榄油
12 只大鱿鱼，清洗干净
150 克煮熟的小对虾，去壳切碎
60 克新鲜面包屑
10 片罗勒叶，切碎
15 克碎欧芹
半颗蒜瓣，切碎
盐和胡椒

替换鱼类：扇贝、鲅鱇

 282页　287页

虾味夹馅鱿鱼
Calamari ripieni di gamberetti

把鱿鱼须切碎，放入碗中备用。再放入虾、面包屑、罗勒、欧芹和蒜，用盐和胡椒调味，淋上橄榄油。搅拌均匀后塞入鱿鱼筒，注意不要塞得过满。用 1 ~ 2 根鸡尾酒棒或牙签固定。

在防火砂锅中加热 45 毫升橄榄油，放入鱿鱼，中火煎 2 分钟，偶尔轻轻晃一晃砂锅。盖上锅盖，转小火，再加热 1 小时，偶尔放入一些温水，以防把鱿鱼煮煳。从锅里夹出填满馅的鱿鱼，丢掉鸡尾酒棒或牙签，摆在上菜用的盘子里，即可上菜。

见左页配图

食材分量：4 人份
准备时长：20 分钟
烹饪时长：6 ~ 10 分钟

40 克黄油
16 个扇贝，去壳，清理干净，保留生殖腺
8 片新鲜鼠尾草叶
盐和胡椒

替代鱼类：鲅鱇脸颊肉、大虾或小虾

 284页

黄油鼠尾草煎扇贝
Capesante al burro e alla salvia

在煎锅或长柄平底锅中融化黄油并放入鼠尾草叶，再放入带生殖腺的扇贝肉，每一面低温煎 3 ~ 5 分钟，直到微微变棕。用盐和胡椒调味之后，即可上菜。

食材分量：6 人份
准备时长：35 分钟
烹饪时长：30 分钟

45 毫升橄榄油
24 个扇贝，去壳，清理干净，留下壳备用
1 颗蒜瓣，去皮
少量新鲜百里香叶
30 毫升白兰地
250 毫升鱼汤（见第 68 页）
1 个洋葱，切成碎末
300 克长粒大米
盐和胡椒

酱汁：
6 个蛋黄
175 克黄油
半个柠檬，榨汁滤净
盐

替代鱼类：鮟鱇脸颊肉、鳐鱼块、大虾或
小虾

284页

百里香扇贝配鸡蛋酱
Capesante al timo gratinate

用凉自来水清洗扇贝底部的壳，晾干备用。在煎锅或长柄平底锅中加热橄榄油和蒜。蒜开始变色时，捞出来丢掉。放入百里香和扇贝肉，煎 2 分钟，然后放入白兰地，煮到酒精蒸发。用盐和胡椒稍稍调味，然后把锅从火上移开。

预热烤箱至 180 摄氏度。将鱼汤倒入防火砂锅中煮开。同时，做酱汁。在碗中打匀蛋黄，放入软化的黄油、柠檬汁和少量盐，充分搅拌均匀，放在一旁备用。向鱼汤中加入洋葱，再次烧开，放入米。盖上锅盖，放入烤箱中，烤约 18 分钟，直到米粒吸收所有汤汁。将砂锅从烤箱中拿出，但不要关掉烤箱。
用勺子把米饭舀在一个烤盘上，将留好的扇贝壳摆在上面。

每个壳中放入一个扇贝和一勺鸡蛋酱。把盘子放入烤箱，烘烤若干分钟，直到食材微微发棕。从烤箱中取出盘子，静置 5 分钟后即可上菜。

食材分量：4 人份
准备时长：30 分钟
烹饪时长：20 分钟

25 克黄油
16 个活扇贝，带壳洗净
500 克菠菜，粗切，根部切掉
250 毫升干白葡萄酒
1 根百里香
40 克碎帕尔马奶酪
盐和胡椒

酱汁：
25 克黄油
25 克普通面粉
300 毫升牛奶
少量新鲜肉豆蔻碎
盐和胡椒

替代鱼类：挪威海螯虾

284页

扇贝配菠菜
Gratin di capesante con gli spinaci

首先做酱汁。开小火，在炖锅中融化黄油，放入面粉，不停搅拌 1 ~ 2 分钟。倒入牛奶，每次倒一点，不断搅拌，直到烧开。酱汁变得浓稠之后，把锅从火上取下，用盐和胡椒调味，放入肉豆蔻搅拌。放在一旁备用，如有需要可偶尔搅拌一下。

在炖锅中加热葡萄酒，用漏勺慢慢放入扇贝，煮 5 分钟。捞出并沥干扇贝。取出扇贝肉，保温备用。

预热烤箱至 180 摄氏度。在烤盘上放上黄油，放入烤箱化开。洗干净菠菜，煮 5 分钟，沥干多余的水分，切碎备用。从烤箱中拿出烤盘，放入菠菜和百里香，放入扇贝肉，用盐和胡椒调味。用勺子把酱汁浇在上面，再撒上奶酪。把烤盘放回烤箱，烘烤 5 分钟，直到扇贝烤得微微发棕。取出后立即上菜。

食材分量：6 人份
准备时长：20 分钟 +10 分钟腌制
烹饪时长：3 分钟

橄榄油
24 个扇贝，去壳，清洗干净
2 个青柠檬，榨汁滤净
1 颗蒜瓣，捣碎
1 个绿灯笼椒
1 个红灯笼椒
盐和胡椒

替代鱼类：小鱿鱼、鮟鱇脸颊肉

284页

串烧扇贝
Spiedini di capesante

在一个浅盘中倒入青柠檬汁，用盐和胡椒调味，放入蒜和扇贝肉，在阴凉的地方腌制 10 分钟。同时，用去皮器削灯笼椒，去籽，切成 24 片。预热烤架。沥干扇贝的水分，每根签上放四块扇贝肉，每一块扇贝肉之间交替穿上红灯笼椒和绿灯笼椒。给每一串刷橄榄油，每一面烤 1.5 分钟。从火上取下，用盐和胡椒调味，放入上菜的盘子中，即可食用。

见左页配图

食材分量：4 人份
准备时长：35 分钟
烹饪时长：20 分钟

橄榄油
500 克贻贝，清洗干净
2 颗蒜瓣，切碎
1 把欧芹，切碎
2 个洋葱，切成薄片
400 克小番茄，切碎
20 克搓碎的佩科里诺奶酪
300 克土豆，切成片
300 克长粒大米
盐和胡椒

替代鱼类：蛤蜊、牡蛎、挪威海螯虾

280页

香烤贻贝配米饭
Tiella di riso e cozze

预热烤箱至 180 摄氏度。如果贻贝的壳破裂了，或者猛烈敲击后不能立刻闭合，则直接丢掉。用小刀的刀尖插入贝壳中间，绕着边缘划动一圈，然后撬开壳，打开贻贝。再用刀的刀尖在内部肉的边缘划一圈，取下贻贝肉。

在碗中放入蒜和欧芹，搅拌均匀。在烤盘中放入 60 毫升橄榄油和洋葱，盖上一半番茄，再倒入一半蒜和欧芹的混合物，撒上奶酪。放入一半的土豆片和所有的米，以及贻贝肉。撒完剩下的蒜和欧芹，再把剩下的番茄和土豆片盖在上面。用盐和胡椒调味。淋上橄榄油，放入足量的水，烘烤约 20 分钟，直到米饭变软。从烤箱中取出盘子，静置 5 分钟后，即可上菜。

食材分量：4 人份
准备时长：10 分钟
烹饪时长：15 分钟

30 毫升橄榄油
250 克去壳贻贝
1 颗蒜瓣，去皮
350 克番茄，去皮去籽，切碎
少量藏红花丝，稍微碾碎
30 克碎欧芹
盐和胡椒

意式团子：
1 千克土豆
200 克普通面粉
1 个鸡蛋，轻轻搅打
盐

替代鱼类：小鱿鱼、蛤蜊

280页

贻贝烩意式团子
Gnocchi alle cozze e zafferano

首先，做意式团子。把土豆蒸 25 ~ 30 分钟，直到土豆变软。在碗里捣碎土豆，放入面粉、鸡蛋和少量盐，揉成柔软劲道的面团，然后揉成直径 1.5 厘米的长条，切成长度 2 厘米的块。把它们铺在撒了少许面粉的布上。

接下来，做酱汁。在炖锅中热橄榄油，放入蒜瓣。蒜开始变颜色后，挑出来丢掉。放入贻贝肉、番茄，加热约 10 分钟。同时，把藏红花放入小碗中，加入一点温水浸泡。将藏红花水倒入酱汁中搅拌，用盐和胡椒调味，放入欧芹，关火，把锅拿下来。

用一个大炖锅煮沸盐水，分批放入意式团子，直到团子浮在表面。用漏勺把团子捞出来，浇上酱汁。所有的团子都煮熟之后，放入上菜用的盘子，即可上菜。

见右页配图

食材分量：4 人份
准备时长：40 分钟
烹饪时长：35 分钟

60 毫升橄榄油
50 克黄油
1 千克贻贝，清理干净
15 克凤尾鱼酱
100 克黑橄榄，去核切片
250 克番茄，去皮去籽，切片
320 克意式扁面
1 颗蒜瓣，切成碎末
15 克碎欧芹
盐和胡椒

替代鱼类：蛤蜊、牡蛎

280页

贻贝意面
Bucatini al sugo di cozze

如果贻贝的壳破裂了，或者猛烈敲击后不能立刻闭合，则直接丢掉。将挑好的贻贝放入装有 30 毫升橄榄油的锅中，盖上锅盖后开大火，偶尔晃动锅，加热 5 ~ 6 分钟，直到贝壳全部打开，丢掉没有打开的那些。留几个带壳的贻贝用于装饰，然后给其余的去壳。用筛子将汤汁滤到一个碗中。

做酱汁。在煎锅或长柄平底锅中用剩下的橄榄油融化黄油，拌入凤尾鱼酱，再放入橄榄、番茄和 45 ~ 60 毫升贻贝汤汁，小火加热。同时，将一大炖锅的盐水烧开，放入意面，煮 8 ~ 10 分钟，直到煮熟且有嚼劲。

在酱汁中放入蒜和欧芹搅拌，再加热若干分钟。滤干意面，倒入上菜用的盘子里，加入酱汁和去壳的贻贝肉，最后用胡椒调味。搅拌均匀后，用带壳的贻贝装饰盘子，即可上菜。

食材分量：4 人份
准备时长：25 分钟
烹饪时长：5 分钟

1.5 千克贻贝，清洗干净
45 克欧芹碎末
胡椒

替代鱼类：蛤蜊

280页

意式海员酱烩贻贝
Cozze alla marinara

首先检查贻贝的质量：如果贻贝的壳破裂了，或者猛烈敲击后不能立刻闭合，则直接丢掉。把它们放入一个大煎锅或长柄平底锅中，开大火、不加水，加入大量胡椒，加热 5 分钟，直到贻贝的壳全部打开。丢掉那些壳仍然关闭的贻贝。沥干贻贝的水分，倒入深盘。将贻贝汁水过滤到碗中，拌入欧芹，将调好的酱汁倒在贻贝上，即可上菜。

食材分量：4 人份
准备时长：30 分钟
烹饪时长：10 分钟

橄榄油
2 千克贻贝，清洗干净
1 根欧芹，切碎
1 根马郁兰，切碎
1 根牛至，切碎
1 片月桂叶
1 颗蒜瓣，去皮
200 毫升干白葡萄酒
1 个柠檬，榨汁滤净

面糊：
40 克普通面粉
1 个鸡蛋
30 毫升牛奶
盐和胡椒

替代鱼类：牡蛎、大虾或小虾

280页

酥炸贻贝
Cozze dorate

首先检查贻贝的质量：如果贻贝的壳破裂了，或者猛烈敲击后不能立刻闭合，则直接丢掉。把 30 毫升橄榄油、欧芹、马郁兰、牛至、月桂叶和蒜瓣放入煎锅或长柄平底锅。放入贻贝，开大火。倒入葡萄酒，盖上锅盖，煮到酒精蒸发。继续盖上锅盖煮约 4 分钟，偶尔晃动一下锅，直到贻贝的壳打开。将锅从火上取下，冷却静置。

同时，制作面糊。在碗中筛入面粉，打入鸡蛋，搅拌均匀。倒入牛奶，继续搅拌，用盐和胡椒调味。

把锅中那些壳没有打开的贻贝丢掉。在炸锅中加热大量橄榄油到 180 ～ 190 摄氏度。用漏勺给贻贝蘸上面糊，再放入热油锅中，一次放一个。炸 1 ～ 2 分钟，直到酥脆。从锅中捞出，沥干油脂，淋上柠檬汁。立即上菜。

食材分量：6 人份
准备时长：1 小时 45 分钟
烹饪时长：10 分钟

24 只大虾
90 毫升橄榄油
2 根胡萝卜，切成碎末
2 根芹菜，切成碎末
半个洋葱，切成碎末
1 根韭葱，切碎
2 个番茄，切碎
200 毫升干白葡萄酒
1 根百里香
1 片月桂叶
2 个大柠檬
15 克精白砂糖
普通面粉
120 毫升白兰地
50 克无核葡萄干或金葡萄干
15 克松子仁
盐和胡椒

替代鱼类：扇贝、狗鲨

287页

甜酸酱汁烩鲜虾
Gamberi in dolce forte

把虾皮剥下来，保留虾头和虾壳，虾肉放入盘中备用。先做虾汤。在炖锅中加热 30 毫升橄榄油，放入虾头和虾壳。开中火，用木勺翻炒捣碎约 5 分钟。倒入 1 升水，煮开；转小火，盖上锅盖，煨 1 个小时。把锅从火上取下，将锅中的混合物倒入搅拌机或料理机中。

在大炖锅中加热 30 毫升橄榄油，放入胡萝卜、芹菜、洋葱、韭葱，小火轻炒 8 ~ 10 分钟。当蔬菜开始稍稍变色的时候，倒入葡萄酒，烧开。再放入虾汤、百里香、月桂叶、番茄，掀开锅盖，煨 20 ~ 30 分钟，直至收汁。

将锅从火上取下，滤到一个小炖锅中，用汤勺的背面压一压过滤器中的食材，再挤挤汤汁。继续把锅放回到火上，加热到大约剩余 100 毫升汤。把锅从火上拿下来，放在一旁备用。挤出柠檬的汁，削下薄薄的柠檬皮，切成非常细的条。把柠檬皮放入沸水，焯若干分钟，沥干后把柠檬皮放入小炖锅中，撒上糖、30 毫升水，直到煮出糖果味。

在煎锅或长柄平底锅中加热剩下的橄榄油。把面粉轻轻撒在虾肉上，放入锅中，大火翻炒 4 ~ 5 分钟，直到虾肉稍稍发棕。倒入白兰地，煮到酒精蒸发，然后倒入虾汤、柠檬汁、柠檬皮糖浆、无核葡萄干和松子仁，用盐和胡椒调味。所有食材热透之后，即可上桌。

见右页配图

食材分量：4 人份
准备时长：20 分钟
烹饪时长：20 分钟

30 毫升橄榄油
200 克大虾
200 克波伦塔（见第 48 页）
200 克芦笋尖
1 颗蒜瓣，切碎
15 克碎欧芹
200 毫升干白葡萄酒
7.5 克土豆淀粉或玉米淀粉
盐和胡椒

替代鱼类：扇贝、鮟鱇

287页

芦笋大虾波伦塔
Polenta con gamberi e asparagi

把芦笋尖切成两段，每一段再切成两半，用沸水焯 2 分钟，沥干水分备用。在煎锅或长柄平底锅中加热橄榄油，放入蒜和欧芹，小火轻炒 2 ~ 3 分钟。倒入葡萄酒，持续加热直到汁水剩下原本的三分之二，然后放入虾。在小碗中搅拌淀粉和 30 毫升水，再把搅拌好的面糊倒入锅中，不断搅拌若干分钟，直到面糊变得黏稠。放入芦笋，轻轻搅拌，从火上把锅拿下来，用盐和胡椒调味。用不同的盘子把波伦塔和虾混合物盛好，即可上菜。

食材分量：4 人份
准备时长：20 分钟
烹饪时长：30 分钟

45 毫升橄榄油
60 克小虾
1 升蔬菜汤（见第 85 页）
250 克混合胡萝卜块、西葫芦块、去壳豌豆
1 个大土豆，磨碎
30 克碎欧芹
盐

替代鱼类：扇贝、小鱿鱼

287页

时蔬烩鲜虾
Gamberetti alle verdure

将汤在大炖锅里烧开，放入蔬菜，煨 15 分钟。放入虾和欧芹，用盐调味，再煮 10 分钟，直到汤汁稍稍变浓。淋上橄榄油，立即上菜。

食材分量：6 人份
准备时长：35 分钟
烹饪时长：14 分钟

2 千克大虾
300 克嫩青豆
1 大根芹菜，粗切
1 颗蒜瓣，捣碎
50 克刺山柑，清洗干净
半个柠檬的柠檬皮，切碎
5 个熟蛋黄
22.5 毫升红酒醋
100 毫升辣椒油
3 ~ 4 片罐头凤尾鱼片，沥干
盐

替代鱼类：鮟鱇脸颊肉、挪威海螯虾

287页

蒸虾仁配意式经典酱汁
Scampi con salsa pevarada

把豆子在煮沸的盐水中煮 5 ~ 10 分钟，直到豆子变软，沥干水分备用。给虾剥皮，留下虾籽。把虾仁放入蒸锅的上层，蒸 4 分钟，然后把锅从火上取下。在料理机中放入蒜、芹菜、刺山柑、凤尾鱼、熟蛋黄、豆子、柠檬皮、醋和辣椒油，搅拌成泥状酱汁。将酱汁均匀地倒在上菜的盘子上，把虾仁摆在上面，放上剩下的虾籽，立即上菜。

食材分量：4 人份
准备时长：15 分钟
烹饪时长：10 分钟

500 克生大虾
500 克菊苣
60 毫升橄榄油
1 个苹果，去皮去核，切成细条
盐和胡椒

调料：
150 毫升酸奶
30 毫升蛋黄酱
120 克芝麻菜碎末
2 个红葱头，切成碎末
盐和胡椒

替代鱼类：扇贝

287页

红菊苣鲜虾沙拉
Insalata di gamberi e verdure

首先，制作调料。把酸奶和蛋黄酱放到碗里，用盐和胡椒调味，放入芝麻菜和红葱头，搅拌均匀。放在阴凉处备用。把虾蒸 10 分钟。把菊苣分装在 4 个盘子里，用盐和胡椒调味，淋上橄榄油。把苹果条放在每个盘子里，上面放上虾。浇上酸奶酱，即可上菜。

辣味鲜虾烩饭

辣味鲜虾烩饭
Risotto speziato ai gamberetti

食材分量：4 人份
准备时长：15 分钟
烹饪时长：23 分钟

25 克黄油
30 毫升橄榄油
150 克去壳熟虾
1 个红葱头，切碎
1/4 个红灯笼椒，去籽，切成细条
150 克去壳豌豆
1.5 升鱼汤（见第 68 页）
200 毫升干白葡萄酒
320 克意式烩饭米
少量藏红花丝，稍微碾碎
2.5 克辣椒粉
2.5 克微辣咖喱粉
盐

替代鱼类：扇贝、鱿鱼

287页

将鱼汤倒入炖锅，煮开。把一半黄油在防火砂锅中用橄榄油化开，放入红葱头，小火轻炒 4 ~ 5 分钟，直到葱头变软。放入米，翻炒若干分钟，直到每一粒米都裹上油脂。倒入葡萄酒，继续煮，直至酒精蒸发。加入 50 毫升鱼汤，不断搅拌，直到鱼汤被完全吸收。重复这一过程，需要 18 ~ 20 分钟。鱼汤加入大约有一半的时候，放入灯笼椒和豌豆。在一个碗中放入藏红花和一点鱼汤，搅拌后倒入锅中。拌入辣椒粉和咖喱粉。在完成烹饪的 5 分钟前，放入虾。米粒柔软润滑的时候，将锅从火上取下，混入剩下的黄油，用盐调味后上菜。

见左页配图

鲜虾意面
Spaghetti ai gamberetti

食材分量：4 人份
准备时长：15 分钟
烹饪时长：25 分钟

30 毫升橄榄油
12 只熟虾，去壳
1 个红葱头，切成碎末
2 个西葫芦，切片
6 朵西葫芦花，去蕊切条
30 毫升干白葡萄酒
350 克意面
盐和胡椒

替代鱼类：扇贝、小鱿鱼

287页

在煎锅或长柄平底锅中加热橄榄油，放入红葱头，小火轻炒 5 分钟，直到葱头变软。放入西葫芦，再轻炒 5 分钟。倒入葡萄酒搅拌。同时，将一大锅盐水烧开，放入意面，再次烧开后煮 8 ~ 10 分钟，直到面条柔软又有嚼劲。将意面沥干水分，倒入煎锅中，放入虾和西葫芦花，用盐和胡椒调味。再煮几分钟使味道融合，然后从火上取下，即可上菜。

食材分量：6 人份
准备时长：40 分钟
烹饪时长：35 分钟

橄榄油
500 克挪威海螯虾，去壳，留下完整的虾头
700 克大虾，去壳，留下完整的虾头
500 克长茄子，竖切成薄片
450 克西葫芦，竖切成薄片
2 根牛至，切碎
2 根马郁兰，切碎
2 个红葱头，切碎
1 千克番茄，去皮去籽，切成块
薄荷叶，切碎
盐和胡椒

替代鱼类：扇贝、狗鲨

287页

香烤时蔬海鲜卷
Scampi e gamberi in 'foglie' di melanzane e zucchine

预热烤箱至 180 摄氏度。在锡箔纸上刷一层橄榄油。把茄子和西葫芦片铺在上面，放入烤箱烤 20 分钟，然后拿出来，但不要关掉烤箱。

同时，用盐和胡椒给海螯虾肉和大虾肉调味。在另一张锡箔纸上刷上橄榄油。等茄子和西葫芦凉到可以用手碰的时候，在大虾上撒上牛至，用西葫芦裹起来。在海螯虾上撒上马郁兰，用茄子片卷起来。把海鲜卷放在准备好的锡箔纸上，放入烤箱烤 4 分钟。

在炖锅中加热 30 毫升橄榄油，放入红葱头，小火轻炒 5 分钟，直到洋葱呈半透明状。放入番茄、薄荷叶，用盐和胡椒调味，煨 10 分钟。在上菜的盘子中倒入酱汁，放上蔬菜海鲜卷，用薄荷叶装饰，即可上菜。

食材分量：4 人份
准备时长：30 分钟

75 毫升橄榄油
4 只熟蜘蛛蟹
4 ~ 8 片生菜叶
30 毫升柠檬汁
盐和胡椒

替代鱼类：挪威海螯虾

柠檬清香蜘蛛蟹
Granceola all'olio e limone

将蟹肉取出。取出全部螃蟹肉之后，把蟹壳彻底洗干净，用厨房用纸擦干，然后铺上 1 ~ 2 片生菜叶子。在每个蟹壳中填充棕肉和白肉，分开放好。淋上橄榄油和柠檬汁，用盐和胡椒调味。

如果螃蟹有籽，可以稍稍混入一点橄榄油，用来装饰螃蟹。如果你喜欢口味较重的酱汁，再向橄榄油和柠檬汁中放入一点碎欧芹和 1 瓣蒜即可。

食材分量：4 人份
准备时长：30 分钟
烹饪时长：35 分钟

25 克黄油
30 毫升橄榄油
200 克蟹肉，如果是罐装，则需沥干；如果是冷冻，则需解冻
2 个红葱头，切成薄片
8 个洋蓟心，每个切成 4 块
100 毫升双倍奶油
350 克蝴蝶意面
盐和胡椒

替代鱼类：扇贝、三文鱼

蝴蝶意面配蟹肉酱
Farfalle alle polpa di granchio

在浅平底锅中用橄榄油融化黄油，放入红葱头，小火轻炒 5 分钟。倒入温水，放入洋蓟心和蟹肉，翻炒 15 分钟。倒入奶油，用盐和胡椒调味，盖上锅盖，再煨若干分钟。

在大炖锅中烧开一锅盐水，放入意面，再次烧开后，煮 8 ~ 10 分钟，直到意面变软且仍然保留嚼劲。沥干水分，倒入酱汁中。把火调大，搅拌均匀。把意面盛入加热过的盘子中，立即上菜。

食材分量：4 人份

准备时长：20 分钟

烹饪时长：5 ~ 7 分钟

橄榄油

500 克新鲜白蟹肉，切成薄片

3 颗蒜瓣，切碎

1 个洋葱，切碎

少量辣椒片

15 克碎欧芹

600 克土豆泥

普通面粉

2 个鸡蛋

150 克新鲜白面包屑

盐

替代鱼类：盐鳕鱼、三文鱼

酥炸蟹饼
Polpettine di granchio

在煎锅或长柄平底锅中加热 45 毫升橄榄油，放入蒜和洋葱，小火轻炒 5 分钟。放入蟹肉、辣椒片和欧芹，用盐调味，煎若干分钟。把锅从火上拿下来，冷却备用。把土豆泥倒入放着蟹肉的锅中，搅拌均匀。尝一尝味道，有需要的话再调味。

在手上撒一些面粉，把蟹肉土豆混合物捏成 4 块饼。在一个浅盘中搅打鸡蛋，在另一个浅盘中撒入面包屑。

在炸锅中加热大量橄榄油到 180 ~ 190 摄氏度。把捏好的蟹肉土豆饼浸入蛋液，再蘸上面包屑。在热油锅中炸 5 ~ 7 分钟，炸成金黄色即可。用锅铲捞出，用厨房用纸吸干油脂，立即上菜。

见右页配图

食材分量：8 人份
准备时长：40 分钟
烹饪时长：50 分钟

24 只牡蛎
3 个红葱头，切成碎末
2 个苹果，去皮去核，磨碎
60 毫升苹果白兰地
60 毫升干苹果酒
100 毫升双倍奶油
黄油面包
胡椒

替代鱼类：扇贝

286页

苹果白兰地煨牡蛎
Ostriche al calvados

把牡蛎较平的壳去掉，保留汁水，放在烤盘中。做酱汁。把红葱头、苹果、苹果白兰地和苹果酒放入炖锅中烧开，开大火，直到汁水只剩下原本的四分之一。把火调小，混入奶油，煨约 10 分钟。

同时，预热烤架。过滤牡蛎汁水，倒入酱汁中。继续搅拌，直到酱汁变得浓稠。把锅从火上取下。舀一些过滤后的酱汁，浇在每只牡蛎上，用胡椒调味，再小心地放到烤盘中。

烤 3 分钟，直到牡蛎变成淡棕色。搭配几片黄油面包，即可上菜。

见左页配图

食材分量：4 人份
准备时长：15 分钟
烹饪时长：15 分钟

橄榄油
20 只牡蛎，去壳
2 个鸡蛋
1 个柠檬，榨汁滤净
120 克玉米淀粉糊

酱汁：
200 毫升番茄酱
5 毫升苹果酒醋
5 毫升柠檬汁
少量干辣椒片
盐

替代鱼类：贻贝、鮟鱇

286页

香炸牡蛎
Ostriche fritte

首先，做酱汁。在碗中放入所有佐料，搅拌均匀，放在阴凉的地方备用。把鸡蛋和柠檬汁倒入一个浅盘，把玉米淀粉糊倒入另一个浅盘。在炸锅中加热大量橄榄油到 180 ~ 190 摄氏度。先把牡蛎浸入蛋液，再放入玉米淀粉糊里。放入热油锅中，炸约 1 分钟，变成金黄色即可。用锅铲捞出，用厨房用纸吸干油脂，配上酱汁，即可上桌。

食材分量：4 人份
准备时长：50 分钟
烹饪时长：4 ~ 5 分钟

50 克黄油
16 只牡蛎，去壳，留下壳备用
200 克西葫芦，切成片
粗盐
4 个蛋黄
1 个红葱头，切成碎末
100 毫升气泡干葡萄酒
盐和胡椒

替代鱼类：扇贝、鲛鳒

286页

烤牡蛎配萨芭雍酱
Ostriche allo zabaione

用凉自来水冲洗牡蛎的下壳。将一锅盐水烧开，放入西葫芦，焯 5 分钟，沥干水分，然后放入搅拌机或料理机中搅成糊状，把西葫芦泥盛到小炖锅里，放入一半黄油、少量盐，小火轻搅 5 分钟，然后从火上取小锅。把剩下的黄油切成小块，室温下静置。

预热烤箱至 220 摄氏度。在烤盘上撒上一层厚厚的粗盐。将蛋黄放入耐热的碗中，再放入红葱头和酒，搅打均匀。把碗放入水已烧开的炖锅，不断搅拌 10 分钟，直到混合物变得浓稠，但不要让混合物完全煮开。把碗从锅中取出，搅入剩下的黄油和少量盐和胡椒。

把牡蛎壳放在准备好的烤盘中，每个壳里放入 15 克西葫芦泥，再放入一个牡蛎和一勺意式萨芭雍酱。烤 4 ~ 5 分钟，然后从烤箱中取出，立即上桌。

食材分量：6 人份
准备时长：1 小时
烹饪时长：1 小时 15 分钟

100 毫升橄榄油
1.5 千克小章鱼，清洗干净
800 克番茄，去皮去籽，搅拌成泥
1 颗蒜瓣，去皮
1 片月桂叶
3 个红葱头，切碎
60 克碎欧芹
400 毫升干白葡萄酒
800 克番茄泥
2 撮姜粉
盐和胡椒
400 克波伦塔（见第 48 页）

替代鱼类：墨鱼、鱿鱼

281页

番茄煨小章鱼配波伦塔
Polipetti in umido con polenta morbida

将 30 毫升橄榄油、大蒜和月桂叶放入防火砂锅中加热。当大蒜和月桂叶开始变棕色时，把它们捞出来扔掉。加入红葱头和欧芹，用小火炒 5 分钟，偶尔搅拌一下。加入小章鱼，倒入葡萄酒，煮至酒精蒸发。加入 200 毫升的水和番茄泥，用盐和胡椒调味，继续用中火煮 1 小时。把锅从火上移开，加入姜粉搅拌，静置。

把波伦塔盛入上菜用的盘子里，放上章鱼和酱汁，淋上剩下的橄榄油，立即上菜。

食材分量：4 人份
准备时长：30 分钟 +1 小时静置

150 毫升橄榄油
1 千克挪威小章鱼，清洗干净
45 克欧芹
2 颗蒜瓣，切成碎末
1 个柠檬，榨汁滤净
盐和胡椒

替代鱼类：墨鱼、扇贝

281页

那不勒斯风味小章鱼
Seppioline alla napoletana

把章鱼放入煮沸的盐水中煮 10 ~ 15 分钟，直到章鱼变软。沥干水分，切片备用。将橄榄油、欧芹、蒜和柠檬汁在碗中搅拌均匀，再用盐和胡椒调味。把酱汁浇在章鱼上，拌匀，放在阴凉的地方静置 1 小时，使味道充分融合，即可上桌。

见右页配图

食材分量：4 人份
准备时长：30 分钟 +2 小时腌制

橄榄油
300 克小章鱼，清洗干净，切成片
1 个柠檬
1 根欧芹，切成碎末
盐和胡椒

替代鱼类：小鱿鱼、鮟鱇

281页

小章鱼沙拉
Insalata di seppioline

柠檬去皮，再把皮切成细丝。挤出果汁，滤入碗中。在柠檬汁中放入欧芹和柠檬皮，用盐和胡椒调味，搅拌均匀。把章鱼放在盘子里，加入调制好的柠檬汁，搅拌均匀。用保鲜膜封好，放入冰箱腌 2 小时。把盘子从冰箱里取出，淋上橄榄油，即可上菜。

食材分量：6 人份
准备时长：30 分钟
烹饪时长：25 分钟

45 毫升橄榄油
30 个海胆，打开，清理干净
500 克有些硬度的番茄，去皮去籽，粗切成块
1 颗蒜瓣
500 克意式扁面
盐和胡椒

替代鱼类：鱼子酱、腌金枪鱼子

意式扁面配番茄海胆黄酱
Linguine ai ricci di mare

先做酱汁。在煎锅或长柄平底锅中热橄榄油并放入大蒜。大蒜开始变色时，挑出来丢掉。放入番茄和 150 毫升水，用盐和胡椒调味，煨 15 分钟。用勺子挖出海胆黄，放入碗中备用。烧开一大炖锅的盐水，放入意面，等再次烧开后，煮 8 ~ 10 分钟，使面条变得柔软但仍有嚼劲，沥干水分。将 15 ~ 30 毫升煮面水加入酱汁，再倒入海胆黄，加热若干秒，有需要的话再放入一些煮面水。用一个加热过的盘子盛好面条，浇上酱汁，即可上菜。

见左页配图

食材分量：4 人份
准备时长：30 分钟
烹饪时长：50 分钟

40 克黄油
12 个海胆
500 克土豆，切成小块
4 棵韭葱，只用葱白，切丝
200 毫升双倍奶油
200 毫升温牛奶
盐和胡椒

替代鱼类：鱼子酱、三文鱼子、腌金枪鱼子

海胆佐土豆奶油
Ricci di mare su crema di patate

把土豆和韭葱放在大炖锅中，倒入 1 升水，中火烧开。转小火，煨 40 分钟。同时，打开海胆，留下所有汁水，清理并用勺子挖空海胆黄。将留好的汁水滤入碗中，放入冰箱备用。

用漏勺将土豆和韭葱捞出，放到料理机或搅拌机中，打成光滑的泥。留下煮土豆的水。将土豆韭葱泥倒入锅中，放入黄油、奶油、温牛奶和海胆汁。开小火，轻炒，如有需要再放几勺留下的煮土豆的水，保证浓稠度。用盐和胡椒调味，把锅从火上移开。用勺子把土豆奶油分装在 4 个不同的碗中，上面放上海胆黄，即可上菜。

食材分量：4 人份
准备时长：30 分钟
烹饪时长：5 ~ 15 分钟

橄榄油
8 只熟挪威海鳌虾
1 个葡萄柚
30 毫升白葡萄酒醋
1 头皱叶莴苣，择好叶
15 克细叶芹，切成碎末
15 克细香葱，切成碎末
盐和胡椒

替代鱼类：蟹爪、扇贝、三文鱼

清香果味海鳌虾沙拉
Insalata di scampi, pompelmo e indivia

剥下葡萄柚的皮，清理掉髓。用一把锋利的小刀，把每一瓣切开，丢掉薄膜。把每一瓣切成薄片。做酱汁。在小碗中搅拌橄榄油和醋，用盐和胡椒调味。

将葡萄柚片放在上菜的盘子上，上面放上海鳌虾，周围再摆一圈莴苣叶。淋上酱汁，撒上细叶芹和细香葱即可。

见右页配图

食材分量：4 人份
准备时长：30 分钟 +1 小时腌制
烹饪时长：10 ~ 12 分钟

橄榄油
20 只挪威海鳌虾，去壳
2 个柠檬，榨汁滤净
20 片鼠尾草叶
20 片烟熏培根
盐和胡椒

替代鱼类：大虾或小虾、扇贝

鼠尾草培根风味海鳌虾
Scampi alla salvia e pancetta

将海鳌虾放入碗中，用盐和胡椒调味，浇上柠檬汁，腌制 1 小时。预热烤架。沥干水分，留下腌料。用 1 片烟熏培根和 1 片鼠尾草叶裹住一只海鳌虾。用鸡尾酒棒或牙签固定。轻轻刷上橄榄油，放在烤架上烤，翻两次面，再刷上留下的腌料，烤 10 ~ 12 分钟即可。立即上菜。

食材分量：6 人份
准备时长：35 分钟
烹饪时长：20 分钟

橄榄油
2.5 千克挪威海螯虾，去壳
6 个西葫芦，切成圆片
10 个小圆形洋蓟，清理干净
300 克普通面粉
15 克玉米淀粉
750 毫升气泡水，冷藏
盐

替代鱼类：大虾或小虾、扇贝

酥炸时蔬海螯虾
Fritto di scampi e verdure

把面粉、玉米淀粉、少量盐和气泡水放入碗中，搅拌均匀。把洋蓟外层粗糙的叶子去掉，切片。在炸锅中加热大量橄榄油到 180 ~ 190 摄氏度。将小洋蓟和西葫芦浸入面糊，沥干多余的面糊，分批入锅炸，直到金黄酥脆。用漏勺捞出炸好的蔬菜，在厨房用纸上沥干备用。

将海螯虾浸入面糊，沥干多余的面糊，分批入锅炸，直到金黄酥脆。用漏勺取出，与炸蔬菜一起上桌。

见右页配图

食材分量：6 人份
准备时长：30 分钟 +2 小时冷冻
烹饪时长：45 分钟

30 毫升橄榄油
1.2 千克墨鱼，清洗干净
150 克培根
1 千克嫩菠菜，切成宽条
盐和胡椒

酱汁：
30 毫升橄榄油
2 个红葱头，切成碎末
100 毫升干白葡萄酒
60 毫升鱼汤（见第 68 页）
半个柠檬，榨汁滤净
50 克黄油，冷藏保鲜
15 毫升墨鱼汁
盐和胡椒

替代鱼类：鱿鱼、扇贝

282页

菠菜墨鱼佐培根
Seppie e spinaci con pancetta

在耐冻烤盘上铺上锡箔纸。将培根条横切成 2 块或者 4 块。把这些培根条的中心叠放在一起，呈蝴蝶形，铺在锡箔纸上，把烤盘放入冷冻室，静置 2 小时。2 小时后，将培根取出，放入不粘锅，用盐和胡椒调味，放在一边备用。把墨鱼切成条。

接下来，做酱汁。在煎锅或长柄平底锅中加热橄榄油，放入红葱头，小火轻炒 7 ~ 8 分钟，直到葱头微微变色。淋上 15 毫升水，用盐和胡椒调味，把锅从火上拿下来。把炒好的食材放入料理机或搅拌机，高速打成泥状，然后把它倒入锅中。开中火，倒入葡萄酒，煮到酒精蒸发，然后倒入鱼汤，煨 10 分钟。拌入柠檬汁和黄油，把锅从火上取下，再放入墨鱼汁。

最后，做墨鱼。在煎锅或长柄平底锅中加热橄榄油，放入墨鱼、菠菜，小火轻炒 10 分钟，用盐和胡椒调味。同时，在另一个煎锅或平底锅中，不放任何油，加热培根 5 ~ 8 分钟，小心地翻 1 次面，把培根煎到足够酥脆。把煎好的培根放到盘子的一侧，在上面浇上酱汁。用勺子舀上菠菜和墨鱼，放到盘子的另一侧，即可上菜。

见左页配图

食材分量：4 人份
准备时长：25 分钟
烹饪时长：105 分钟

60 毫升橄榄油
1 颗蒜瓣
800 克墨鱼，清洗干净，切成条
175 毫升干白葡萄酒
700 克去壳新鲜冻豌豆
盐和胡椒

替代鱼类：鱿鱼、鮟鱇

282页

豌豆煨墨鱼
Seppie ai piselli

开中火，在炖锅中热橄榄油，放入蒜瓣。蒜开始变颜色时，挑出来扔掉。把墨鱼放入锅中，用盐和胡椒调味，充分搅拌，加热若干分钟。倒入葡萄酒，煮至酒精蒸发。倒入足量的水，直到盖过墨鱼。烧开后调小火，盖上锅盖，煨 1.5 小时。上菜之前，放入豌豆煮 5 ~ 10 分钟，直到豌豆变软。把锅中的菜盛到加热过的盘子中，即可上桌。

见右页配图

食材分量：4 人份
准备时长：15 分钟
烹饪时长：1 小时 45 分钟

4 条盐腌凤尾鱼，清洗干净
1 颗蒜瓣，去皮
30 毫升橄榄油
1 千克墨鱼，清洗干净，切碎
200 毫升干白葡萄酒
4 个熟番茄，去皮去籽，切碎
350 克波伦塔（见第 48 页）
黄油
盐和胡椒

替代鱼类：鱿鱼、鮟鱇

282页

墨鱼波伦塔
Polenta e seppioline

用厨房用纸拍干凤尾鱼，拽下鱼头，沿着鱼的边缘捏一捏，把鱼的脊椎拽下来。把鱼放入煎锅或长柄平底锅中，再放入蒜瓣与橄榄油。小火加热，用木勺把凤尾鱼捣碎。把火调高，放入墨鱼片，翻炒若干分钟，炒到鱼微微呈棕色即可。倒入葡萄酒，煮到酒精蒸发。转小火，放入番茄，用盐和胡椒调味，煨 1 小时。在环形模具（中空烤盘）上刷上黄油，把做熟的波伦塔倒进去。静置几分钟，等波伦塔冷却凝固后，打开模具，把食材放到盘子上。用勺子把墨鱼和酱汁舀在波伦塔环的空心中，即可上菜。

食材分量：4 人份
准备时长：1 小时
烹饪时长：50 分钟

350 克小墨鱼，清洗干净
45 毫升橄榄油
1 个洋葱，切碎
200 毫升干白葡萄酒
45 克切块番茄
15 毫升墨鱼汁
30 克碎欧芹
320 克意式扁面
盐和胡椒

替代鱼类：鱿鱼、狗鲨

282页

墨鱼酱意式扁面
Linguine con le seppie

把墨鱼切成条，在炖锅中加热橄榄油，放入墨鱼和洋葱，中高火翻炒5分钟。倒入葡萄酒，煮到酒精蒸发，放入番茄搅拌，用盐和胡椒调味。转小火，盖上锅盖，煨20分钟，再倒入墨鱼汁，煮5分钟，直到汤汁变得浓稠。放入欧芹，把锅从火上移下。

将一大锅盐水烧开，放入意式扁面，再次烧开之后，继续煮8 ~ 10分钟，直到意面变软但仍有嚼劲。沥干意面中的水分，放入墨鱼酱，轻轻搅拌，即可上桌。

食材分量：4 人份
烹饪时长：15 分钟
烹饪时长：25 分钟

1 升鱼汤（见第 68 页）
225 克去壳豌豆
30 毫升橄榄油
2 颗蒜瓣，稍稍碾碎
300 克蛤蜊，去壳
200 毫升干白葡萄酒
200 克番茄泥
300 克意式烩饭米
15 克碎欧芹
盐和胡椒

替代鱼类：贻贝、牡蛎

280页

蛤蜊豌豆意式烩饭
Risotto con vongole e piselli

将汤倒入炖锅中烧开后转小火。将豌豆倒入沸腾的盐水中，煮 5 分钟，沥干水分，放在一旁备用。在大煎锅中加热橄榄油，放入蒜瓣，小火轻炒若干分钟，变颜色后，把蒜瓣挑出来丢掉。放入蛤蜊，翻炒 2 分钟，倒入葡萄酒，煮到酒精蒸发。放入番茄泥和豌豆，用盐和胡椒调味后煮 3 ~ 4 分钟。放入米，不断翻炒，直到米粒吸收所有的汤汁。放入一勺汤，继续搅拌，直到汤被充分吸收。重复这一过程，需要 18 ~ 20 分钟。在烩饭上撒上欧芹，用胡椒调味后，即可上菜。

食材分量：4 人份
准备时长：20 分钟
烹饪时长：25 分钟

1.5 千克小蛤蜊，清洗干净
45 毫升橄榄油
1 颗蒜瓣，去皮
1 把欧芹，切碎
2 个蛋黄
1 个柠檬，榨汁滤净
盐和胡椒

替代鱼类：贻贝、鮟鱇脸颊肉

280页

炖蛤蜊配蛋香柠檬酱
Vongole in salsa d'uovo al limone

如果蛤蜊的壳已破裂或在猛敲之后没有立刻闭合，直接把它丢掉。把蛤喇放入煎锅或长柄平底锅中，放入橄榄油、蒜瓣和欧芹，大火加热 3 ~ 4 分钟，直到蛤蜊的壳打开，用盐和胡椒调味后把锅从火上取下。丢掉壳没有打开的蛤蜊。在碗中搅打鸡蛋黄和柠檬汁。将蛤蜊倒入干净的炖锅中，开小火，倒入蛋黄和柠檬汁的混合液，不断搅拌直到收汁。只要蛤蜊完全裹上酱汁，就把锅从火上拿下来。注意火不要开太大，煮太久，也不要把蛋黄煮散。做好后，马上上桌。

食材分量：4 人份
准备时长：25 分钟
烹饪时长：30 分钟

1 千克小蛤蜊，清洗干净
200 毫升橄榄油
2 颗蒜瓣，去皮
30 克碎欧芹
320 克意面
盐和胡椒

替代鱼类：贻贝、扇贝

280页

蛤蜊意面
Spaghettini alle vongole

如果蛤蜊的壳已破裂或在猛敲之后没有立刻闭合，直接把它丢掉。在大煎锅中热橄榄油，并放入蒜瓣。蒜开始变色的时候，挑出来丢掉。把蛤蜊放入锅中加热 3 ~ 4 分钟，偶尔摇晃一下锅，直到蛤蜊的壳全部打开。用漏勺把蛤蜊盛出来，放到一个浅盘子里。丢掉那些壳没有打开的蛤蜊。把蛤蜊肉从壳里取出来。将盘中的汤汁滤到锅中，放入蛤蜊肉、欧芹，用盐和胡椒调味，小火煮 10 分钟。

同时，将意面放入一大锅烧开的盐水中，再次烧开后，继续煮 8 ~ 10 分钟，直到面变软但仍有嚼劲。沥干水分，放入盛着蛤蜊的锅中，开大火搅拌均匀，即可上菜。

注意：另外一种做蛤蜊意面的方法是：在意面只有半熟的时候，放入取出蛤蜊肉后留下的汤汁继续煮熟。这种做法会让意面别有风味。另外，还可以在酱汁中放入一些切好的番茄，为平淡的蛤蜊酱增添滋味。

见右页配图

食材分量：6 人份
准备时长：45 分钟
烹饪时长：20 分钟

500 克贻贝，清洗干净
300 克蛤蜊，清洗干净
1 个红灯笼椒，去籽切片
1 个绿灯笼椒，去籽切片
2 个干辣椒，碾碎
4 颗蒜瓣，切碎
100 毫升橄榄油
200 毫升红酒
300 克章鱼，清洗干净
300 克墨鱼，清洗干净，如果太大，可以
切半
100 毫升白朗姆酒
少量新鲜肉豆蔻碎（可选）
1 把新鲜混合香草，例如马郁兰、百里香、
罗勒、鼠尾草、细香葱，切碎
胡椒

替代鱼类：鱿鱼、鮟鱇脸颊肉、狗鲨

 280页　281页　282页

海盗鱼汤
Zuppa di pesce del pirata

将 200 毫升水倒入炖锅中烧开。把蛤蜊和贻贝放入蒸屉，架在炖锅上。把蛤蜊和贻贝蒸熟，直到它们的壳张开。打开贝壳，取出里面的肉，盖上锡箔纸保温备用。留下汤汁，过滤备用。

将灯笼椒和橄榄油放入防火砂锅中，盖上锅盖，中低火加热 8 分钟。放入干辣椒、蒜，再加热 2 分钟。放入红酒，慢慢煮沸。倒入章鱼，然后倒入墨鱼。煮 2 ~ 3 分钟，直到这些透明的海鲜肉开始发白，变得半透明。注意不要煮太久，否则肉质会失去鲜嫩的口感。

把朗姆酒，过滤好的贻贝、蛤蜊汤汁，蛤蜊和贻贝放入砂锅。撒上肉豆蔻（可选）、胡椒和切碎的香草。热透后，把汤盛入碗中，即可上菜。

见左页配图

食材分量：8 ~ 10 人份
准备时长：50 分钟
烹饪时长：1 小时

300 克贻贝，清洗干净
300 克蛤蜊，清洗干净
60 ~ 75 毫升橄榄油
1 个洋葱，切成碎末
300 克大墨鱼，清洗干净
1 个绿灯笼椒，去籽切片
5 个刚熟的番茄，去皮去籽，切碎
1 个鲜辣椒，去籽切成碎末
100 毫升白葡萄酒醋
2.5 千克杂鱼，例如蝎子鱼、鮟鱇、鲭鱼、
红鲻鱼，清洗干净，有需要可切块
300 克螳螂虾或挪威海螯虾
盐和胡椒

替代鱼类：大虾或小虾、扇贝、狗鲨

🦐 268页 🔪 270页 🥜 280页

🐙 282页 🦪 287页

马尔凯风味海鲜汤
Brodetto marchigiano

如果贻贝和蛤蜊的壳已破裂或在猛敲之后没有立刻闭合，直接把它们丢掉。将贻贝和蛤蜊分别放入 2 个煎锅或长柄平底锅中，开大火加热 2 分钟，直到它们的壳打开。丢掉壳没有打开的贻贝和蛤蜊。把一部分蛤蜊和贻贝取肉备用，剩下的留壳备用。

在大防火砂锅中加热橄榄油，放入洋葱，小火轻炒 5 分钟。放入大墨鱼，加热 10 分钟，再放入灯笼椒，用盐和胡椒调味，搅拌均匀。小火加热 10 分钟。再放入番茄、辣椒、醋，煮到醋完全蒸发。把鱼和壳类海鲜分层放入砂锅中，先放肉质最不易碎的（例如油性鱼），最后放贝类和虾。盖上锅盖，慢炖约 20 分钟。直接上桌。

注意：意式海鲜汤的食谱有很多，因为亚得里亚海岸沿岸的不同地区的食谱略有差别。我们介绍的这一款是马尔凯地区的圣贝内代托 – 德尔特龙托的经典做法。

见右页配图

食材分量：4 人份
准备时长：30 分钟
烹饪时长：45 分钟

30 毫升橄榄油
1 个洋葱，切片
少量孜然粉
2 颗蒜瓣，碾碎
500 克番茄，切块
1 千克混合海鲜，清洗干净
盐

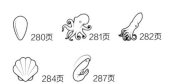
280页　281页　282页

284页　287页

意式综合海鲜汤
Zuppa di pesce misto

在大炖锅中加热橄榄油，放入洋葱，小火轻炒 5 分钟，直到洋葱变软。放入孜然、蒜和 15 毫升水，用盐调味。再放入番茄，慢炖 20 分钟，偶尔搅拌，直到食材变得十分柔软。加入 2 升水，完全煮沸。

慢慢一层层地放入海鲜，先放肉质饱满的海鲜，例如章鱼、墨鱼，最后放肉质鲜嫩的海鲜，例如贻贝和虾。盖上锅盖，煨 20 分钟，然后上桌。

食材分量：4 人份
准备时长：20 分钟
烹饪时长：15 分钟

100 克西蓝花
橄榄油
150 克小鱿鱼，清洗干净
150 克小虾，去皮
1 个小洋蓟，择干净，切片
1 个西葫芦，切成圆片
1 个茄子，切成圆片
盐

面糊：
100 克普通面粉
1 个蛋白
175 ~ 250 毫升气泡水

替代鱼类：扇贝、贻贝、狗鲨

282页　287页

酥炸海鲜和蔬菜
Fritto misto con verdure

把西蓝花掰开，放入煮开的盐水煮 3 分钟，沥干晾凉备用。同时，将面粉筛到碗中，拌入蛋白和足量的气泡水，做好面糊。

在炸锅中加热大量橄榄油到 180 ~ 190 摄氏度。把虾、小鱿鱼和蔬菜蘸上面糊，放入热油锅，炸到金黄酥脆。用漏勺捞出，在厨房用纸上吸干油脂，放在上菜的盘子上，保温备用。所有海鲜和蔬菜都炸完之后，用盐调味，装饰上西蓝花，即可上桌。

食材分量：4 人份
准备时长：50 分钟 +1 小时静置
烹饪时长：1 小时

薄饼：
100 克普通面粉
2 个鸡蛋
250 毫升牛奶
30 克黄油
蔬菜油
盐

馅料：
15 毫升橄榄油
20 只大虾，去壳切半，壳留下备用
1 根芹菜，粗切成块
1 根胡萝卜，粗切成块
1 根韭葱，粗切成块
1 片月桂叶
200 毫升白葡萄酒
500 毫升蔬菜汤（见第 85 页）
150 克小章鱼，清洗干净
15 克黄油
2 条红鲻鱼，切成片
30 毫升双倍奶油
盐和胡椒

268页 270页 281页

287页

海鲜薄饼包
Buste di crêpe con ripieno di mare

首先，做薄饼。将面粉筛到碗中，放入鸡蛋和 60 ~ 75 毫升牛奶，搅拌均匀。慢慢放入剩下的牛奶，做好较稀的面糊。融化黄油，稍微冷却后倒入面糊。用盐调味之后，再用小搅拌器搅拌若干分钟，然后静置至少 1 小时。在煎锅底部刷上一层油，加热，放入 30 毫升面糊。转动并倾斜煎锅，使面糊均匀地盖住锅底。再加热 3 ~ 4 分钟，直到薄饼的底部凝固变成金黄色，用锅铲翻面，再煎 2 分钟，同样煎到金黄。把煎好的饼盛到盘子中，用同样的方法做 12 张薄饼。

接下来，做馅料。在炖锅中加热橄榄油，放入预留好的虾壳，小火轻炒 5 分钟。放入芹菜、胡萝卜、韭葱和月桂叶，倒入葡萄酒，煮到酒精蒸发，然后用盐和胡椒调味。倒入蔬菜汤，烧开之后，盖上锅盖再煨 10 分钟。从火上把锅取下，把汤汁滤到干净的锅中。将章鱼加入汤汁，小火煮 10 分钟，取出沥干备用，留下汤汁。

在煎锅或长柄平底锅中融化黄油，放入鱼片，小火煎 1 ~ 2 分钟。淋 30 毫升汤汁，煮 2 分钟，然后为鱼翻面，再煮 5 分钟。放入虾肉和奶油，收汁即可。

同时，预热烤箱至 180 摄氏度。给烤盘刷上黄油。如有需要，将章鱼切片，放入加热鱼片和虾肉的锅中，食材全部热透后，把锅从火上取下，将海鲜平均放在每一片薄饼的中心。折叠薄饼的边，上下完全包好，小心地把海鲜包挪到准备好的盘子里。浇上留下的汤汁，烤 5 ~ 6 分钟，即可上菜。

食材分量：4 人份
准备时长：25 分钟
烹饪时长：1 小时

1 千克混合贻贝和小蛤蜊，清洗干净
200 毫升干白葡萄酒
400 克蚕豆，去壳
少量藏红花丝，稍微碾碎
1.2 升鱼汤（见第 68 页）
30 毫升橄榄油
2 个红葱头，切碎
1 颗蒜瓣，切碎
300 克意式烩饭米
15 克碎欧芹
盐和胡椒

替代鱼类：牡蛎、扇贝、鮟鱇、狗鲨

280页

蚕豆海鲜烩饭
Risotto ai frutti di mare e fave

如果贻贝和蛤蜊的壳已破裂或在猛敲之后没有立刻闭合，直接把它们丢掉。把它们放入大煎锅或长柄平底锅中，倒入葡萄酒，盖上锅盖，开大火煮 5 分钟，偶尔摇晃锅。将贻贝和蛤蜊取出，沥干水分，留下煮它们的汤水，过滤备用。扔掉壳仍然没有打开贻贝和蛤蜊。把贻贝和蛤蜊的肉取出，放在一旁备用。

用手轻轻挤蚕豆，把豆子从皮里挤出来。放入烧开的盐水中煮 10 ~ 20 分钟（具体时间取决于豆子的新鲜程度），沥干水分备用。

同时，把藏红花放入小碗中，加入 45 毫升汤浸泡。烧开剩下的汤，然后转小火轻炖。在大炖锅中热橄榄油，放入红葱头和蒜，小火轻炒 5 分钟，直到葱头变软。放入米，继续翻炒 1 ~ 2 分钟，直到所有米粒裹上油。放入蚕豆、煮贝类的汤水和 1 勺热汤。不断搅拌，直到汤汁被充分吸收。重复这一过程。加入一半汤后，用盐给米饭调味，搅入藏红花水，再放入贝类。继续重复加入鱼汤的过程。把做好的烩饭盛到盘子中，撒上欧芹，立即上桌。

见右页配图

食材分量：6 人份
准备时长：40 分钟
烹饪时长：10 分钟

2 个罐装番茄，沥干切碎
90 毫升青酱
30 毫升橄榄油
200 克去壳扇贝
600 毫升干白葡萄酒
半把细香葱，剪成小块
250 毫升双倍奶油
40 克搓碎的淡羊乳奶酪
200 克蟹肉，如果是罐装，则需沥干；如果
是冷冻，则需解冻
200 克没有预先煮好的（可立即烹调的）或
新鲜的千层面面皮（面条）
盐和胡椒

替代鱼类：大虾或小虾、挪威海螯虾

284页

三色千层面
Lasagne tricolori

在碗中搅拌番茄和青酱。在一个较浅的炖锅中，小火加热橄榄油，放入扇贝，每一面煎 2 分钟。把扇贝从锅中取出，保温备用。在锅中倒入葡萄酒，开中高火，煮到只剩一半的汤汁。拌入细香葱、奶油，继续煮到只剩一半的汤汁。

同时，预热烤箱至 180 摄氏度。将锅从火上取下，放入羊乳奶酪和蟹肉搅拌，用盐和胡椒调味。在烤盘上，放一层千层面作为底，然后用勺子舀一些蟹肉馅料放在上面，再盖上一层扇贝。以此类推，用同样的方法一层一层地用完所有食材，最后放上一层千层面皮。最后浇上青酱和番茄混合物。关掉烤箱，让千层面利用烤箱内的余温烤 10 分钟，即可上菜。

见左页配图

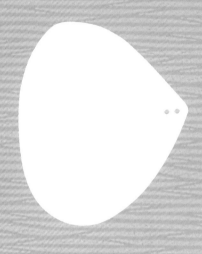

修剪、去鳞和清洗
第 268 页

圆形鱼：切片和去皮
第 270 页

扁形鱼：切片和去皮
第 272 页

鮟鱇：去皮和切片
第 274 页

鱼片剔刺
第 276 页

小型油性鱼：去鳞和清洗
第 277 页

小型油性鱼：蝶式剔骨法
第 278 页

清理贻贝和蛤蜊
第 280 页

清理章鱼
第 281 页

清理鱿鱼和墨鱼
第 282 页

清理扇贝
第 284 页

打开牡蛎
第 286 页

清理鲜虾
第 287 页

基本技巧
BASIC TECHNIQUES

修剪、去鳞和清洗

几乎所有的鱼类在食用之前都需要修剪、去鳞和清洗。一般来说鱼店可以帮你先把鱼处理好，但这些技巧其实不难，你也可以在家尝试。

这里给出的去鳞技巧适用于所有鳞片较厚的鱼类。有些鱼类是不需要去鳞的，比如无须鳕。

1. 将鱼放在容易清洁的平面或菜板上。

2. 用剪刀去掉鱼身周围的所有鱼鳍，最简单的方式是从鱼尾朝鱼头的方向剪。

3. 去鳞的方法是，用刮鳞器或刀背用力从鱼尾向鱼头刮掉鱼鳞。要仔细清除背部和腹部的鳞片，因为无论是切片还是去除内脏都需要从这些部位下刀。去鳞时可以在鱼的下方垫一个塑料袋，这样刮下的鳞片就可以直接装进塑料袋中。

4. 将鱼身翻过来，腹部朝上，用刀切进鱼鳃。这样可以为去除内脏留出出刀的位置。

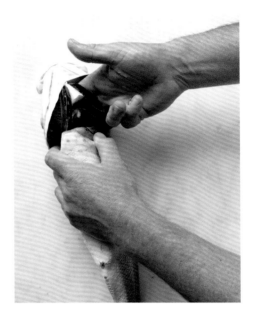

5. 用手指伸入鱼鳃的底部把鱼鳃拔出来。有些鱼鳃会比较锋利，在操作时要小心。

6. 去除内脏的方法是：将刀的尖端插入鱼的肛门（位于鱼身靠近鱼尾三分之二处的一个小孔），沿着腹部朝着鱼鳃的方向切去。

7. 去掉内脏，把沿着脊骨分布的深色血管清理干净。

圆形鱼：切片和去皮

在切片和去皮时，使用干净锋利的刀可以使整个操作更利落安全。如果可以的话，请尽可能一刀切完，并确保刀是朝远离自己身体的方向划动的。

这种简单的技巧适用于所有圆形鱼。

1. 在鱼头的两面分别用刀朝背部方向斜切一刀，形成一个"V"字。

2. 用力将鱼头往后掰断并拔出。

3. 保持刀身水平，切入背鳍上方的鱼肉，并沿着背部朝尾部划动刀身，过程中确保刀身紧贴脊骨。当切到尾部时，用刀尖的位置切断尾端的肉。

4. 将切开的鱼片掀起，沿着肋骨用刀来回朝腹部的方向切，将整片鱼肉切离鱼身。

5. 接着切第二片鱼肉：将鱼翻过来，鱼尾朝远离你的方向放置。用手按住鱼身，保持刀身水平，按照前两个步骤的方式将第二片鱼肉切下。

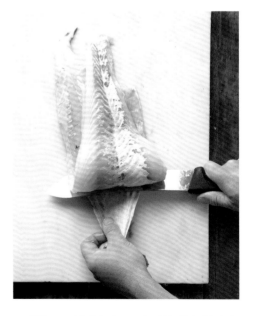

6. 去皮的时候要使用一把刀身比较柔软的刀，从鱼尾或鱼肉最薄的位置下刀。用刀刃的中间切入尽可能贴近鱼皮的地方。

7. 用另一只手拽住鱼皮，用来回拉锯的方式慢慢把鱼皮削出来，过程中将刀刃保持为稍微朝向鱼皮的角度。

扁形鱼：切片和去皮

在切片和去皮时，使用干净锋利的刀可以使整个操作更利落安全。如果可以的话，请尽可能一刀切完，并确保刀是朝远离自己身体的方向划动的。跟圆形鱼相比，扁形鱼的切片要更容易一些，非常适合初学者练习。

以下技巧适用于所有扁形鱼。

1. 用锋利的剪刀把鱼鳍剪下来。用小刀把鱼头切下来并丢掉；如果想用鱼头做汤，需要去掉鱼鳃并彻底清洗干净。

2. 把鱼放在菜板上，深色的一面朝上。从靠近中间脊骨的位置将刀尖插进鱼肉，以从中间到侧边的方式划动刀身，过程中尽量让刀身紧贴鱼骨，这样可以将鱼鳍部位的鱼片切下。

3. 用刀尖沿着脊骨的方向切下脊骨附近的鱼肉，避免浪费。

4. 水平旋转鱼身，将带骨的一侧朝向自己。朝外继续用刀尖沿脊骨和另一侧的鱼骨切下鱼肉，尽可能一刀切完。

5. 切完之后就能得到一片完整扁平的鱼肉。

6. 将鱼身翻转过来，按照上述步骤把底面的鱼片切下来。这样你就能得到两片完整的鱼肉，剩下的鱼骨架和修剪下来的东西。去皮的方法可以参考第271页的步骤6和7。

鮟鱇：去皮和切片

鮟鱇的处理方法跟其他鱼类不一样，因为鮟鱇的骨架结构很特别，而且鱼皮很容易剥下来。鱼皮下面有几层白色的薄膜，这些薄膜需要清除掉，因为它们在煮过以后颜色会变深，并缩小黏附在鱼肉上。

一般市场上卖的鮟鱇都是不带鱼头的。

1. 给鮟鱇去皮的方法是用一只手按住鱼身，另一只手以从鱼头向鱼尾的方向扒下鱼皮。在这个过程中，鱼皮应该很容易剥落。

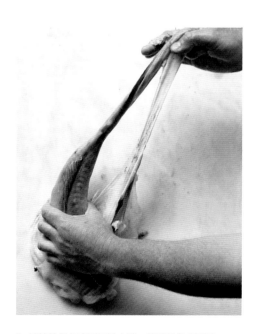

2. 继续拉扯鱼皮到尾巴末端，将整块鱼皮剥离。

3. 拿起一把小刀，用刀尖切进薄膜和鱼肉之间，然后仔细将薄膜切下。

4. 用同一把小刀，完全切进一侧的鱼肉，从脊骨的一端切向另一端，过程中保持刀身尽量紧贴脊骨。

5. 一直切到尾部的位置，把整片鱼肉切下来。

6. 在另一侧重复步骤 4 和 5，这样就能得到两片完全无骨的鱼肉。

7. 这两片无骨鱼肉可以直接用于烹饪。

鱼片剔刺

圆形鱼肉中最厚实的部位通常会存在数量不等的鱼刺,这些鱼刺没有与主要的骨架相连,一般位于靠近背部的位置,而不是鱼尾末端。

1. 用手指在鱼肉的表面轻轻扫动,找出鱼刺的位置。

2. 用专门的去鱼刺镊子,或普通的镊子捏紧鱼刺的顶端,顺着鱼刺在鱼肉中的方向将其拔出来。

小型油性鱼：去鳞和清洗

沙丁鱼、鳟鱼和鲱鱼等小型鱼的鱼鳞比较柔软松散，只需要用刀背或者剪刀不锋利的一侧（如图所示）就能轻松刮掉。

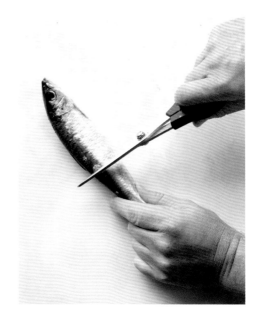

1. 使用刀背或剪刀边缘从尾部向头部刮掉鳞片。

2. 为沙丁鱼去除内脏的方法是一只手按住鱼的背部，另一只手将刀尖插进鱼的肛门，然后向上划动刀身，剖开腹部。

3. 将内脏去除并丢弃，拔出鱼鳃，通过稍微清洗来去掉血线。

277

小型油性鱼：蝶式剔骨法

蝶式去骨的方法可以去掉小型油性鱼体内的大部分鱼刺，同时留出更多空间用于夹馅。这种技巧尤其适合鲱鱼、沙丁鱼和凤尾鱼等软骨鱼。

1. 用刀把鱼头切下，按照第 277 页的方式去除鱼的内脏。

2. 将鱼翻过来，背部朝下，用指尖轻轻挑出脊骨附近的鱼刺。

3. 按住鱼肉，轻轻挑出鱼肉中细小的鱼刺。

4. 抓住已经松动的脊骨，将其拔出来。

5. 用剪刀把脊骨连接鱼尾的部分剪掉。

6. 鱼肉已经处理完成。如果发现还有细小的鱼刺，可以用镊子逐一拔除。

清理贻贝和蛤蜊

以下列出的简单清洗流程可以清除贝类含有的泥沙，同时去掉附着在贻贝身上的藤壶。这个过程还能帮助你找出已经裂开、破损或者死亡的贻贝和蛤蜊，确保食用安全。

1. 用百洁布彻底擦洗贻贝或蛤蜊的外壳，用小刀刮掉贻贝上的藤壶。它们的外壳应该是紧闭的，如果发现有打开的外壳，用手轻轻碰一下，如果外壳能重新合上说明它还活着，如果外壳没有合上则需要丢掉。

2. 拔掉贻贝的足丝。蛤蜊没有足丝。

3. 将处理好的贻贝或蛤蜊放入碗中备用，碗里需要垫上一块布，并避免让它们直接接触水。丢掉外壳裂开或破损的贻贝或蛤蜊。

清理章鱼

鱼店卖的章鱼通常已经去掉眼睛、墨囊和
内脏，或者你也可以要求他们这么做。切
下头部和去除腭片等操作则可以在家中轻
松完成。

1. 用一把锋利的刀将章鱼的头部和触手切成两部分。
去掉残留在章鱼体内的内脏并清洗干净。

2. 找到位于触手中间的小块硬腭片，将其取出并丢
弃。彻底清洗触手，去除残留的沙砾。

3. 用剪刀剪开章鱼的头部，并丢弃里面的内脏。剥
掉覆盖头部的薄膜并清洗干净。

🦑 清理鱿鱼和墨鱼

无论是鲜活还是冷藏的鱿鱼，它们通常都是
先处理好再销售的。即使没有预先处理，在
家自己处理鱿鱼也很简单。以下的处理方式
也适用于墨鱼。

1. 用双手分别用力抓紧鱿鱼的头部和触手。

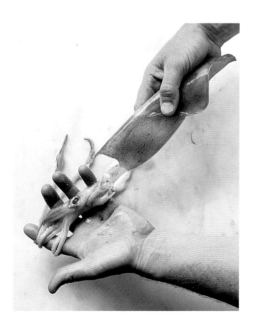

2. 将触手拔出。

3. 将眼睛下方的触手切下来，并把眼睛及周围的内
脏丢掉。去掉位于触手中间的腭片。

4. 处理鱿鱼筒的方法是将两片鳍捏在一起并剥掉它们，这时包裹鱿鱼筒的深色薄膜应该也会随之剥落，将这些薄膜彻底清除。

5. 在鱿鱼筒的中间会有一根像羽毛一样的透明"骨头"，将其拔出，并去掉鱿鱼筒内的其他内脏，然后清洗干净。

6. 鱿鱼筒可以完整保留用于夹馅，或者切成鱿鱼圈。如果要将其展开成一片，可以用小刀沿着鱿鱼骨所在的线切开鱿鱼筒。

7. 将切开的鱿鱼筒展开平铺，然后用小刀在鱿鱼肉的表面切出横竖相间的划痕，切口的深度大约为肉厚度的一半。

清理扇贝

扇贝一般是清理干净后带一片外壳或不带外
壳售卖的，不过鲜活的带壳扇贝也很容易
处理。

1. 鲜活的扇贝有两片外壳，一片比较扁平，一片比
较鼓。在处理扇贝之前，仔细检查它们的外壳是否
紧闭。外壳不能紧闭的扇贝不宜食用。

2. 用小刀插进两片外壳的缝隙中，然后用刀尖将闭
壳肌与较鼓外壳相连的部分切开，这样扇贝就能轻
松打开。

3. 沿着较鼓外壳切到底，这样就能将两片外壳分
开。现在你应该能看到扇贝的内部和两片外壳上的
"裙边"。

4. 用刀尖将扇贝肉旁边的深色内脏部分切除并丢弃。

5. 将"裙边"去掉，并切掉与扇贝肉相连的小块白色肌肉。这个部位虽然可以吃，但是口感很硬。

6. 用一把柔韧的刀将连接在较平外壳上的扇贝肉切下。

7. 现在扇贝就已经处理好了。可以将扇贝肉上橘黄色的生殖腺去掉，不过这个部位是可吃的，有一种鲜美的味道。

打开牡蛎

无论是用于生吃还是烹饪的牡蛎都需要保证鲜活，所以牡蛎最好是整只买回家，在需要食用前再打开。打开之前的牡蛎应当保持紧闭状态，或者在触碰后能迅速紧闭。打开牡蛎需要一定的技巧，最好是使用牡蛎刀来操作。

鲜活的牡蛎应该以鼓起的一面朝下存放在冰箱里，避免它们在自行打开的时候出现体液流失。

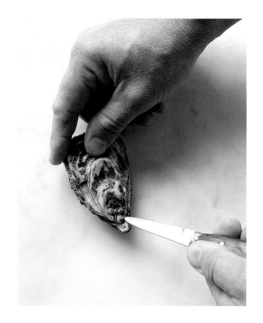

1. 用一只手紧紧握住牡蛎，如有需要可以垫着一块厚布，这样可以握得更牢。将牡蛎刀的尖端稍微朝下插进两片外壳的缝隙或最尖端的位置，然后通过扭动刀身来找到一个合适的"用力点"。

2. 当牡蛎刀已经稳稳嵌进外壳之中时，用刀尖切断连接较平外壳的闭壳肌。

3. 用刀彻底将较平外壳切下来，然后用刀尖将牡蛎肉从较鼓外壳中切离，注意不要让其中的液体洒出。

清理鲜虾

你可以买到带壳的生虾或不带壳的虾仁，但在家剥虾壳也很简单。虽然虾线不一定需要去掉，但虾线里面可能会含有泥沙，影响口味。

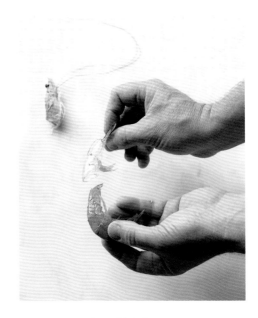

1. 将虾头拔掉，然后剥掉虾壳。

2. 用刀在虾背上划一道浅浅的切口，露出深色的肠道（虾线）。

3. 将虾线拔出并丢弃。

烹饪术语
GLOSSARY

弗留利（FRIULI TOCAI）
主要使用种植于意大利东北部弗留利地区的葡萄酿造的白葡萄酒。

甲壳动物（CRUSTACEANS）
主要是指身体分节、外壳坚硬、节肢成对的水生生物，包括龙虾、大虾、小虾、挪威海螯虾、螃蟹等。

龙虾肝（TOMALLEY）
做熟的龙虾的柔软的绿色肝，可以放在酱汁中调味，单吃也别有风味。此外，还可以用作增稠剂。

龙虾或螃蟹勺（LOBSTER OR CRAB PICK）
长而窄的工具，用来挖出龙虾或螃蟹钳中的肉。

马尔萨拉（MARSALA）
产自马尔萨拉地区的一种口味偏甜的葡萄酒。

牡蛎刀（OYSTER KNIFE）
一种特殊的刀具，刀片短且厚，形状好似箭头，刀尖可用来撬动牡蛎的壳。最好的牡蛎刀，刀把的部分带有防护装置，保护手部。

切口（SLASH）
煎或烤整条鱼的时候，两侧可斜切两道或三道切口，从而使热气和调味更好地渗透到鱼里。

清炖（POACH）
用液体煮熟食物，例如用清水或鱼汤。

去鳞（SCALE）
在烹饪前，去除鱼身上的鳞片的步骤。小鱼的鳞，比如沙丁鱼，可以用拇指刮掉。较大的鱼则需使用刮鳞刀或钝刀清除。在冷水下去鳞，可以刮得更干净。

软骨鱼（CARTILAGINOUS FISH）
这类鱼体内的骨骼完全由软骨组成，没有坚硬的骨头。

软体动物［MOLLUSC（MOLLUSK）］
通常藏在硬壳内。双壳软体动物，比如贻贝、蛤蜊，有一对相连的壳；腹足类
动物，比如玉黍螺和蜗牛，只有一个螺旋形壳；头足类动物，比如鱿鱼和章鱼，
则没有壳。

收汁（REDUCE）
把汤煮沸，从而减少水量，做出浓稠醇厚的汤汁。

双壳软体动物（BIVALVE）
由两片外壳包裹的海生或淡水软体动物，包括蛤蜊、牡蛎、扇贝和贻贝。

头足类动物（CEPHALOPOD）
海生软体动物，头部大，眼睛大，触须带吸盘，没有外壳，包括章鱼、鱿鱼、墨鱼。

乌鱼子（BOTTARGA）
经过压缩、盐腌并风干的乌鲻鱼子，形似意式萨拉米香肠。切片，淋上橄榄油
和柠檬汁，或涂在吐司上，就是一道美味的开胃菜。在锅里弄碎，用油稍稍加热，
即可做出令人愉悦的意面酱，这是典型的撒丁岛佳肴。

细丝（JULIENNE）
食材的一种形态，更易调味。

腌制（MARINATE）
用各种带有香味的调料浸泡开胃可口的食材，从而使食材变软、入味。腌料通
常包括橄榄油、柠檬汁、醋、葡萄酒和香草。

意大利腌肉（PANCETTA）
和培根一样，意大利腌肉也是用猪腹部的肉做成的，但它们的做法不同。腌肉
分为熏制或非熏制，原味或用香料调味过的。腌肉可用在许多菜肴中增加口味。
如果买不到意大利腌肉，可用培根代替。

意式特制酱汁（SALMORIGLIO）
用橄榄油、柠檬汁、欧芹、蒜、牛至和盐做成的酱汁。

油炸（DEEP-FRY）
用大火和大量的油做熟食物的烹饪方法。如果你没有自带温度调节器的炸锅，

那可以用木勺的勺把检查油的热度。如果油开始持续冒泡，那么就可以用来炸食物了。

有嚼劲（AL DENTE）

意面、米饭或蔬菜在烹饪过程中达到的一种柔软但弹牙的状态。食物达到这种状态后，需要及时从锅中取出，沥干备用。煮到刚刚好的蔬菜口感更佳，营养成分更丰富。

鱼锅（FISH KETTLE）

一种偏长的不锈钢锅，带有两端可提起的穿孔支架以及锅盖，用来蒸鱼。钻石形的鱼锅可以用来蒸较大条的扁形鱼，例如多宝鱼。

鱼汤（COURT-BOUILLON）

用来煨鱼或贝类。可放入葡萄酒、醋、香草和香料，在使用之前，通常需要冷却。

鱼子（ROE）

雌鱼和贝类的卵或装满卵的卵巢即鱼子或硬鱼子，而雄性鱼的精子被称为软鱼子或鱼精。硬鱼子可以通过多种方式保鲜贮藏，例如盐腌或烟熏。最昂贵的当数鲟鱼和乌鲻鱼的鱼子。